植物園の世紀

イギリス帝国の植物政策

Botanical Garden in 1759-1820

植物園の世紀

イギリス帝国の植物政策

Akio KAWASHIMA
川 島 昭 夫

共和国

植物園の世紀

イギリス帝国の植物政策

目次

はじめに

著者に代わって

志村真幸

植物園と聞いて思い浮かぶイメージは、どのようなものですか。花々や木々に包まれた癒やしの空間、恋人や家族と散策で訪れる場所、珍しい熱帯の植物が生い茂る大温室といったあたりでしょうか。経済活動との結びつきだとか、実用性を答える方は少ないと思います。ところが、一八世紀以降、イギリスが世界各地に進出し、植民地を獲得・経営していくなかで、植物園は欠かせない役割をはたしていたのです。

一五世紀なかばに大航海時代が始まった理由のひとつに、コショウをはじめとするアジアのスパイスがあったことは、広く知られていると思います。スペインやポルトガルの商人が現地を訪れ、あるいはあいだに入ったアラビア商人から買い付け、ヨーロッパへと運びました。しかし、やがてヨーロッパ各国が熱帯植民地をもつようになると、植民地経営という考え方がクローズアップされていきます。スパイスを買ったり、金（きん）や奴隷の一時的な収奪に終わったりするのではなく、持続可能な方法が模索されていくなかで、農作物の栽培が注目されたのでした。プランテーションをつくり、現地のひとびとを労働者として使い、有用な作物を育て、本国やヨーロッパ諸国へ輸出する。しかし、原産地だけで栽培するのはもったいない、もっとイギリスにとって都合のいい場所で生産できないだろうか。

イギリスの植民地は、世界各地に広がりつつありました。そのなかで広大な土地があり、労働力が安定して供給でき、消費地に近い（または輸送しやすい）場所が選ばれ、開発されていきます。その結果として、たとえば中国原産の茶は、インドやセイロン、ケニアへ移植され、一大生産地へと発展しました。とはいえ、ただ移しただけでうまくいくことはまれです。そこに植物園の役割がありました。ある土地に固有の植物を、別の土地へ移植するための輸送法、栽培法、さらに加工法が研究され、多くの植物学者やプラント・コレクター／プラント・ハンターが活躍したのです。

イギリスの植民地植物園は、カルカッタ、セント・ヴィンセント島、セント・ヘレナ島、ペナン、シドニーと各地に設けられました。扱われた植物も、シナモン、ログウッド、サフラワ、鬱金（ウコン）、マンゴー、スカモニー、コロシント、大黄、ナツメグ、竹、センナ、アロエ、コリアンダー、アニス、ヴァニラ、桑、コチニール・サボテン、コパイバ、ゴマ、肉桂(ニッキ)、棗、アーナト、癒瘡木(ユソウボク)、チャイナ・ルート、ガルバナム、巴豆(ハズ)など多様なものに及びます。日本産の植物も、たとえば楮(こうぞ)（紙）や樟(クス)（樟脳）が有用植物として試されました。

なおかつ、これらの植物園は単体として存在したわけではありませんでした。イギリス本国のキュー植物園やチェルシー薬草園を核として、各植民地をつなぐネットワークが形成されていたのです。ただし、一八世紀の段階では、明確な政府の意志によって統制されていたというよりは、私的な発想によってつくられた側面の強いものでした。

その根幹にあったのは、経済的な欲求です。イギリス人が植民地に出かけたのは、何よりも経済的な動機がいちばんでした。本書では、植物園という、現在からすると趣味的に思える空間を扱いながらも、経済的な視点から分析が進められています。植物資源の有効利用を研究し、食料や染料を安価に効率よく生産することは、最終的には国益へとつながっていたのでした。とはいえ、植物園が博物学や庭園趣味と結びついていたのも事実です。本書に収められた多数の図版からは、イギリスのひとびとが、いかに熱帯の自然に目を見開いたかが伝わってきます。

植物園は、自然と人間の歴史的な結びつきをあきらかにする格好のテーマです。近代のイギリスと植民地という問題において、植物園がいかに重要な役割をはたしたかが、本書には論じられています。

二〇二〇年二月、本書の編集作業中に著者が没したため、
校正にあたっては、字句の統一や明白な誤字脱字など、修正を最小限にとどめました。
また、本文中に掲載の図版についても、すべてに出典を付すことができませんでした。
以上、不慮のこととしてご了承を乞う次第です。

第一章

植物帝国主義

一 植物という条件

かつて私たちの生活がどれほど植物に密着し、その生命活動の結果としてつくりだされたものに依存していたかを思いだすことは、もはや困難になっている。植物はいまも「緑」や「自然」と別称され、私たちが心のうるおいを取りもどすのに必要な存在として尊重はされているが、金属や合成樹脂製品の扱いやすさと製造の容易さによって、植物を素材としたさまざまな物が私たちの周囲から姿を消してしまった。

いまから一〇〇年前にはそうではなかったし、その一〇〇年前にはもっと事情は異なっていたのである。衣食住を含め生活のあらゆる局面で、資源としての植物が必要とされていた。植物を管理すること（その最も重要な部門が農業である）によって、集団としての人間社会は生存を維持していくことが可能であった。牧畜のように動物を相手にする場合でさえ、飼料としての植物が、どれだけ、どのようなかたちで得られるかが決定的だった。植物のみが、生体のなかで無機物から炭水化物を合成し、独立栄養を営むことが可能だからだ。それを動物が摂取する。食物の連鎖はいずれの場合も植物のこの生命現象に出発するのである。

植物は生命である。個体としての生をもち、生命を維持するはたらきをもつこと、その間に成長し、増殖あるいは生殖することについては、ほかの生命現象、すなわち動物と共通している。生命現象としての植物のさまざまな特徴は、まさに光合成を行ない、独立栄養を営むそのことにかかわっている。光合成に必要な水を吸収するために、多くの植物は地に根を下ろす。いっぽう二酸化炭素と光のエネルギーを吸収するために大気のなかで枝をはり、葉を広げる。こうして多くの植物は大地と大気の境界で、その両方をつなぎとめるように、垂直な固定した生を営む。重力にさからった成長を行なうために、植物の細胞には固い細胞壁が形成されている。これは運動を行なうには不適当な条件となる。植物は一般に大地に固着し、移動することがない不自由な生命であることが、われわれの実感のなかで、たとえば空中を飛び、地上を駆ける動物から植物を最もよく区別するものである。

植物は定着した生命であるために、動物以上にその生存環境の影響を強く受けることになるだろう。降雨や日照、気温、土壌、あるいは動物相など、それぞれの種にとって適切な条件のもとでのみ、植物は生育することが可能なのである。ある一定の環境のもとで見出される植物の種類は限定されている。それが植物相といわれるものである。一般に高温で多湿であれば植物相はゆたかになり、寒冷であるか乾燥していれば植物相は貧弱になる。ある限られた植物相のなかで生活する人と動物の生活は、その制約を受けることになる。

人が植物の生命環境に干渉し、成長しやすい条件を人為的に与えることが、植物を栽培することである。野生の植物のうちから、食物あるいはその他の用途に利用価値の高いものを選び、それを人工的な環境のうちに移すことが農業の始まりであっただろう。農業の営みのなかで、より優良で環境への適応力をもつ個体を選択し、改良しながら、人は農作物をつくりあげてきた。より多くの品種は、より多様な環境で農業を実践することが可能であることを意味するが、それでも自然条件の影響を完全にまぬがれることはない。

植物が移動しないとするのは、じつは誤りである。むしろ植物の生態は、移動することを目的としているとさえ言いうる。植物の個体は大地に束縛されているが、個体間の世代の交代を利用して植物は移動するのである。種子植物は世代交代にあたって、生殖質を種子のなかに保存する。種子は、一般に軽いか、固いか、数多いかのいずれかであり、また環境への耐性がきわめて強い。こうして一種の厳重なカプセルにくるまれた植物は、自ら弾けとび、あるいは風の力を利用したり、鳥や動物に食べられることによって親の世代が生きた場所から遠ざかろうとするのである。そのことで植物は群落の範囲を広げると同時に、種として環境それ自体の変化に対応することが可能になる。

このカプセルとしての種子は、人が植物をもち運び、移動させるさいにも便利であった。

一九世紀のド・カンドル以来の栽培植物の起源に関する研究は、現在人類が栽培し、利用している植物のほとんどが、地球上のいくつかの農業センター（起源中心地）をもち、やがて伝播したものだということを明らかにしている。人が種子（あるいはときに、地下茎や球根）を運べば、一挙に遠く離れた地域に伝播することも困難ではなかったのである。民族の移動や侵入、交易や交通はつねに植物の移動を伴ったといってよい。食料や生活資料として耕作される栽培植物はもちろん、移動のさきに見慣れた風景を再現するためにも、しばしば種子や厳重に保護された苗木が旅嚢（りょのう）に加えられたのである。

　歴史上、最も重要な植物の移動は、コロンブス以降のおよそ一〇〇年間に起こった。きわめて異なった植物相を有し、それぞれに異なった農業を実践してきた南北アメリカ大陸と、ヨーロッパ・アジア・アフリカとの間で行なわれた植物の交換、「コロンブスの交換」といわれるものがそれである。その結果小麦をはじめとする穀物類が新大陸に伝えられ、いっぽう新大陸からは、ジャガイモ、トウモロコシ、タバコなどが旧世界に導入された。しばしばこの交換は、いつ誰によってと記録されることなく進行した。たとえば、アジア原産のバナナは、すでに一六世紀の末には熱帯アメリカで、ヨーロッパ人の地誌作家によってその地に固有のものとみなされるほどに土着化していたのである。

　コロンブスをはじめとする航海者たちが、マルコ・ポーロの旅行記に「香料、薬種、とくに伽羅木、黒色および白色の胡椒をたわわに産する」と記述された東方の海をめざしたことはよく知られている。コロンブスは到達したカリブ海の島々で目的の香料植物の捜索を行なったが、発見することはもとより不可能であった。新大陸にはこれらの植物は自生しなかったからである。とりわけクローヴとナツメグの二種類の香料植物は、アジアの海のきわめて限られた地域にしか産しない。のちにこの海域に進出したオランダは、マルク（モルッカ）諸島のこれらの樹木をさらに小さなアンボイナ、バンダ諸島に移植し、もとの島々の株を伐採してまで、厳しい監視のもとでこれらの香料の生産を独占し、市場を支配した。一八世紀に入って、イギリス、フランスの両国は、これらの樹木を両国の熱帯アメリカの領土にひそかに移植することに腐心している。それは熱帯間の植物の移植は可能であるという強い確信のもとに行なわれた事業であった。

植物が、植物であるためにもつ条件、大地から離れることができず生育する場所を選ぶこと、同時に同種の環境であれば地球上の遠く離れた地域にも移動しうること、この二つの条件が本章でいう植物帝国主義というものを規定している。それは植物資源を安定して獲得するために、国家がおもてにたち、植物を支配・独占し、さらに植物が生長するのに必要な時間、土地を支配・管理し、さらには植物の環境にはたらきかける労働力を支配・管理するあらゆる意図的な試みをいう。

図 1-1
ジョン・パーキンソンの『太陽の帝国、地の楽園』(*Paradisi in Sole Paradisus Terrestris*, 1629)の扉絵。蘇鉄、ウチワサボテン、パイナップルなど、熱帯の植物が描かれている

二 植物の空白

「私たちのサクソン人の先祖が知っていた樹木・灌木は、〔……〕カバノキ、ハンノキ、ナラ、マツ、ナナカマド」と一九世紀のイギリスの園芸家J・C・ラウダンは数え上げる。ラウダンによれば、もともとこの島に自生した樹木・灌木は七二属二〇〇種。このうち樹高が一五〇センチを越えるものは一二〇種であるが、うち二一種がバラ、三二種がヤナギに属していた。一二〇種のほとんどが落葉樹であり、冬の間にも緑をとどめるのは、スコットランドだけに見られたクロマツを除けば、ツゲ、イチイ、ヒイラギの三樹種を数えるのみである。針葉樹はそのクロマツとイチイだけ、ほかはすべて広葉樹である。低木の林のなかに間隔をおいてニレ、ナラ、ブナの優占樹種がそびえる森林はイギリスの原風景をつくりだしたが、それは単調で変化に乏しかったともいえよう。

ヨーロッパの森林の最盛期は地質時代の第三紀、数百万年前までであったという。その後にヨーロッパを襲った氷河期に、東西に走るアルプスやピレネーの山系が障壁となって植物の南方への後退を許さず、気候が好転しても失われた樹種は回復しなかった。そのために北アメリカ東部や東アジアと比較すると、北部ヨーロッパはいちじるしく樹種に乏しい。なかでもイギリスは針葉樹の欠如がめだっている。このためイギリスは、船舶のマスト材やタール、ピッチなどの船舶必需品を得るために、ながく北欧やバルト海域からの輸入をあおがねばならなかった。

アルプス以北の人々が、植物の種の乏しさについて強く意識することになる別の要因も存在した。それは医薬に関してである。ルネサンスの時期まで、ヨーロッパの薬学は古典古代のギリシア人ディオスコリデスの薬剤論『デ・マテリア・メディカ』(*De Materia Medica*)をただ一つの正統としてあおぎ、その祖述に終始していた。ディオスコリデスの著述はアラビア人によって伝えられ、ラテン語に翻訳されて多くの写本が流布した。しばしばそれらには、植物の同定のための挿画が付されている。しかしディオスコリデスは東地中海地方の植物相に基づいて論じていたから、北ヨーロッパの医師・植物学者にとっては、しばしばそれは異土の名のみの植物でしかなく、アルプスをこえて輸送される乾燥した薬種としてしか目にすることができなかったのである。

一五四四年にピエトロ・アンドレア・マッティオリがヴェネツィアで刊行したディオスコリデスの注釈書は、ラテン語に翻訳されて四〇刷以上を重ね、三万部以上を販売したといわれる。ディオスコリデスの復活はそうした異郷の植物への関心をかきたてた。空白の地域から、関心は外に向かって拡大し、さらにそれは空白を充填すべく植物移植への企図へと結実した。

一八一二年から一四年にかけて作成されたウィリアム・T・エイトンの『キュー植物園植物目録』(*Hortus Kewensis*)第二版は、文献や文書に記録されているかぎりのイギリスへの植物の導入の年、もしくは最初に栽培された年を付記している。最も古い記年は、草本、木本いずれについても一五四八年で、合わせて二七種がこの年に初めてイギリスで記録されている。そのうちサルディニアやシチリアなど南ヨーロッパから導入されたものが一九種、そこにはゲッケイジュやザクロ、クロミグワ、モミ、カサマツ、食用のアーティチョークなどが含まれている。この時期を、イギリス人が意図的で意識的な植物の導入を開始した時期とみなしてよいだろう。

ヨーロッパ人の植物に対する態度に影響をあたえたものに、園芸の出現がある。これはルネサンス期の庭園様式の変化と関係している。それは、庭園の要素として中世以来の果樹園、薬草園、菜園に、装飾的な庭園が加わったことである。外界から遮絶された安全な空間のなかで、一人で、家族で、あるいは心を許しあった小さな集団で、心の慰安をおぼえるための庭園である。ここでも変化は、イスラム文化の影響を受けたイタリア半島で生じ、アルプス以北に波及した。目に鮮やかな色彩や可憐さで花壇を埋めた花卉も、西アジア原産のものが多い。ヒヤシンスやチューリップなど数多くの園芸用植物がこの時期、イスラム社会と交流した商人や外交官の手でヨーロッパに導入されている。そこからさらに選択され改良された園芸品種がつくりだされた。たとえばナデシコは六〇種類以上の園芸品種が登録されている。こうした園芸への関心は、むしろアルプスの北でいっそう過熱したのである。

庭をつくる人々は植物に通じた園丁を雇い、庭園の設計とともに植物の入手をゆだねた。園丁たちは園芸市場や、個人的な交流を通じて珍しく価値ある品種を獲得した。こうした市場と人のネットワークは国際的なものに発展していくことになる。

イギリスでは、ともに王室園丁としてジェイムズ一世とチャールズ一世の二代に仕えたジョン・トラデスカント親子がよく知られている。父親ジョンが残した植物リストの手稿には、かれが提供を受けた人々の所在が記してあるが、それは遠くコンスタンチノープルにも及ぶ。トラデスカント親子について特筆せねばならないのは、二人が植物の採集を目的として、長途旅行を試みていることである。父親は、一六一八年にはロシアのアルハンゲリスクへ、一六二〇年には、アフリカ北部のアルジェリアへ遠征している。息子のジョンは一六三七〜八年にヴァージニア植民地で採集を行なった。

三◆アメリカと植物

イギリスの北米植民地の歴史は、一六〇七年にヴァージニアに最初の恒久的コロニーが建設されたことに始まる。ヴァージニアでは当初は苛酷で不安定な状態がつづいたが、一六一七年ごろ南米からタバコが作物として導入されたことで状況は好転した。それとともに、タバコの生産地と消費地として植民地‐本国間に密接な交流が開始される。

北米産の樹木のイギリスへの導入の過程と、その景観への影響について調査したP・S・ジャーヴィスによれば、一六〇〇年までにイギリスにもたらされた北米産の樹木はユッカとニオイヒバの二種類にすぎず、それまでに海外から導入された全樹種の二パーセントにも満たない。半数をこえる樹木が南欧・地中海から来ており、さらに残りの半数が西アジアの原産である。さきにも見たように一六世紀までの植物の移動がおもに東から西にと向かっていたことを裏づけている。ところが一六〇一年から一七〇〇年までの一〇〇年間に移入された北米産樹木は五六種にのぼり、全体のおよそ四割を占める。さらにこの比率は、一七〇一年からの五〇年間には、一六五種のうちの一〇九種、ほぼ三分の二にまで膨れあがるのである。しかもイギリスに導入される樹木は、当初医薬用や食用の実用的な用途をもつものが過半を占めていたのが、一五九〇年ごろを境に観賞用、もしくは何らの用途をもたない樹木が導入されることが急激に増えている。一七〇〇年までに導入された北米産樹木五八種のうち四七種、八一パーセントが観賞用であった。この数字を一六〇一年から一七〇〇年までに北米以外からもたらされた樹木についての数字（八〇種のうち五四種、六八パーセント）と比較するならば、事態は明らかであろう。

一七世紀の末、名誉革命にともなう政争で宮廷を去った英国国教会のロンドン主教ヘンリー・コンプトンは、ロンドンの西郊フラムの主教邸に隠棲した。かれの無聊をなぐさめたのは有名な主教邸の庭園の北米植物のコレクションであったという。コンプトンは植

図 1-2
ロンドン主教公邸のフラム・パレス

民地を管轄下にもつロンドン主教としての地位を利用し、かれの配下の組織を使って植物を収集した。その一人がジョン・バニスターである。かれは宣教師としてはじめ西インド諸島に、のちヴァージニアに派遣されたが、新しい植物の発見に努め、多くの植物の種子や苗を主教のもとに届けた。バニスターがイギリスへ初めて紹介し、主教邸の庭に生育していたことが知られているものは、アメリカ・シャクナゲ、クロウルシ、針葉樹のカサマツなど少なくとも一一種、もちろん実際に送付した植物の数はそれをはるかにうわまわる。

バニスターはかたわら、オックスフォードの植物園長ジェイコブ・ボバートへも種子を送り届けていた。ボバートは入手した種子のリストを作成し、有名な庭園の所有者たちに回覧して交換もしくは頒布を申し出ていた。コンプトンとボバートは、ともに一六七九年ごろにロンドンのテンプル・コーヒー・ハウスに誕生した植物学会のメンバーで、親密な関係にあった。一七一三年に主教が死去したとき、収集の一部はボバートの植物園に、一部は同じフラムで営業していた種苗商クリストファ・グレイの苗圃に移植された。グレイはこれをきっかけに、北米産植物専門の業者として頭角をあらわすこと

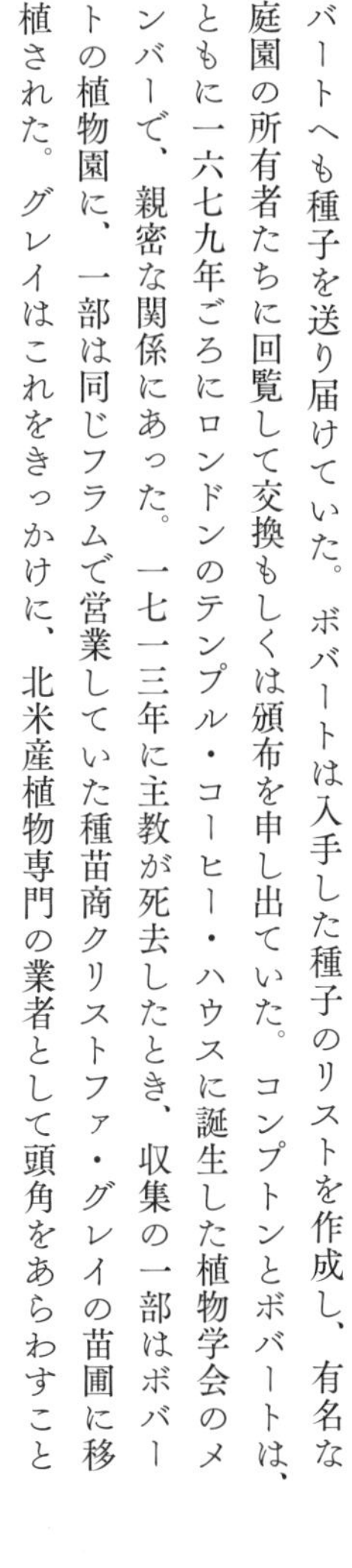

図 1-3
オックスフォード植物園（上）とその前に立つ
オックスフォード大学植物学教授、ジェイコブ・ボバート
（Abel Evans, *An Epistle to Mr. Jacob Bobert*, 1713 より）

になる。

コンプトン主教をめぐって形成されたような、コレクターと業者、アマチュアと専門的な植物学者、公的な地位にある者と民間とがたがいに協力しあう関係は、やがて一八世紀に入ってコンプトンに似た核を中心にさまざまに拡大、発展し、たがいに連携して一種の植物の共同体をつくりあげることになる。一八世紀の園芸文化は、こうした連携のうえに成立したのである。

四 クェイカー教徒と貴族

マイルズ・ハドフィールドは、『イギリス園芸史』(*History of English Gardening*, 1957) で、一七二〇年~八〇年を扱った章を「クェイカー教徒と貴族」と題した。園芸史におけるこの期間は、庭園設計における顕著な変化と、北アメリカ東部の植物の組織的な導入・収集とを特色としており、そのことにあたってクェイカー教徒と貴族との奇妙な協働がみられたというのである。

たとえばピーター・コリンソン。クェイカーでロンドンの裕福な毛織物服地商であったコリンソンは、一七三三年ごろ、ペンシルヴァニアの農民ジョン・バートラムが植物の採集と栽培に長じているのを知り、契約を結んだ。いうまでもなくペンシルヴァニアはクェイカーの指導者ウィリアム・ペンが開いた植民地で、バートラムも敬虔な信徒であった。コリンソンはバートラムから送り届けられる、一〇〇種類の種・苗の入った箱一つにつき五ギニーを代価として支払うことを約束し、「教区司祭の納屋のようにいかなるものをも拒まない」ことを伝えた。両者の関係は、一七六八年にコリンソンが没するまでつづき、バートラムは職業的植物採集者として生計をたてることになる。コリンソンは、ロン

図 1-4
ジョン・バートラムの自宅（上）と庭園（下）
（William Darlington, *Memoire of John Bartram and Humphry Marshall* より）

ドンの北郊、ミル・ヒルの私邸の庭園にこれらの植物を集め、私的な植物園を営んだ。ミル・ヒル庭園の植物はのちに目録が作成されたが、それによればコリンソンがイギリスの地に初めて紹介した植物は一八〇種、その四分の三の一三六種が北米産であった。

コリンソンは、自分で植物を栽培しただけではなく、同じように寄金を拠出して、バートラムからの種子の配布を受ける愛好家のサークルを組織した。この小さな集団は、おもにリッチモンド公爵やベッドフォード公爵、ノーフォーク公爵、アーガイル公爵など最も裕福で有力な貴族たちからなっていた。その一人、「樹を植える貴族」の異名をとった男爵ピーター卿（ロバート・ジェイムズ）について、コリンソンはスウェーデンのリンネに宛てた手紙のなかで、かれが「世界中のあらゆる地域から種子と苗を入手するためにどのような労苦も出費も厭わなかった」こと、その屋敷ソーンドン・ホールにあった温室は「世界がかつて目にしたことがなく、再び目にすることがない」ほどの規模であったことを伝えている。ピーター卿は一七四三年、弱冠二九歳で世を去ったが、そのときかれの苗圃にあった樹木・灌木は二二万本、大部分は外来種であったという。

アーガイル公アーチボルド・キャンベルの甥、スコットランド貴族のビュート（ブート）伯爵（一七一三～九二）もまたこのサークルの一員であった。ビュート伯は、ジョージ二世の世嗣フレドリックの側近であり、フレドリックの没後はその夫人オーガスタの信任を受けて、皇太子ジョージの傅育（ふいく）にあたった。一七五一年、伯はロンドン北郊に邸宅を入手したが「屋敷と森との間に八エーカーの庭があり」、かれはそれを「わが国の気候が育むようなあらゆる外国産植物で埋める算段」であると友人に書き送っている。少年時代のジョージ三世はビュート伯に深く帰依し、晩年まで失うことがなかった植物学への関心も、その影響であったようである。ピーター・コリンソンはイギリスにおけるリンネの理解者の筆頭に伯の名を挙げており、事実、伯のパトロネジを受けた植物学者ジョン・ヒルは、リンネの分類体系の（不完全ではあったが）最も早い紹介者であった。一七五九年、オーガスタ妃と皇太子ジョージの宮殿であったキュー・パレスの庭園に、チェルシーの薬園出身の園丁ウィリアム・エイトンを採用し、植物の分類学的な配置を行なわせ、のちのキュー植物園の原型を築かせたのも、ビュート伯の助言に基づくとみなされる。一七六一年に

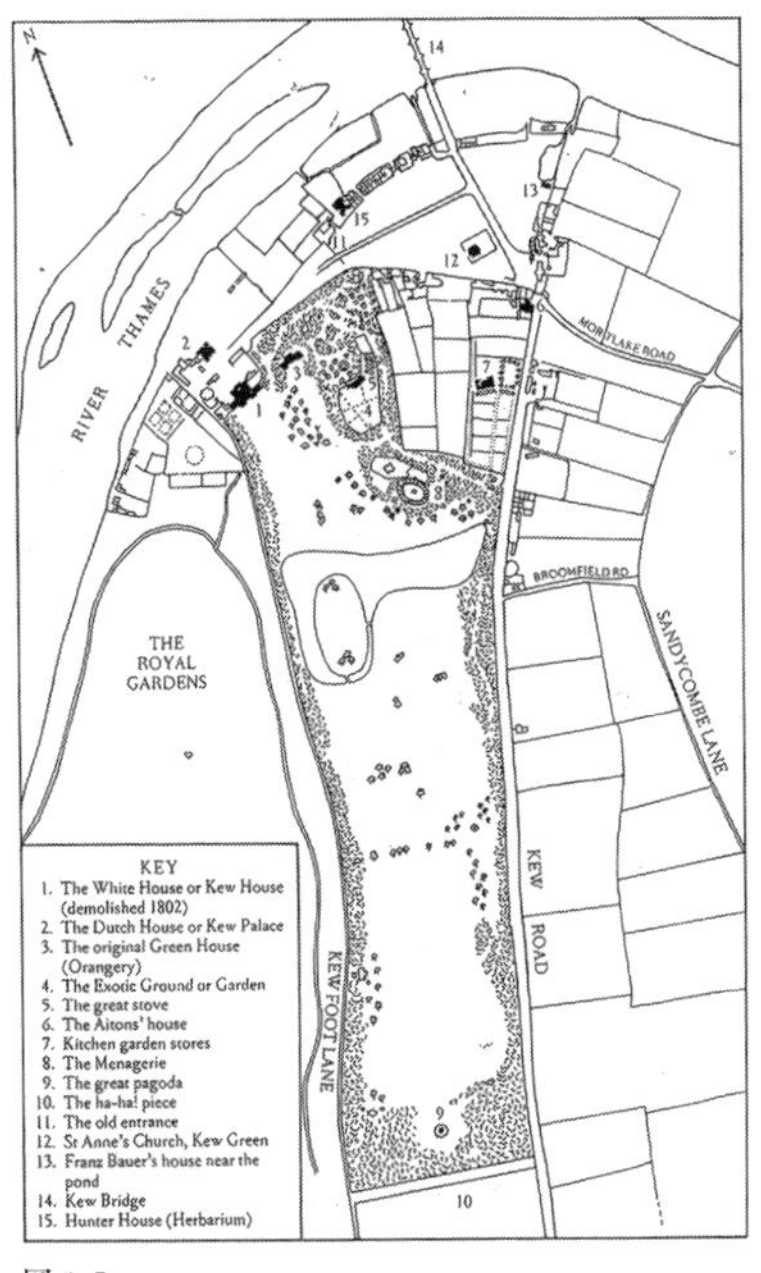

図1-5
初期のキュー植物園

図 1-6
キュー庭園の施設を設計した
造園家ウィリアム・チェンバーズ

図 1-7
キュー庭園の最初の温室。
皇太子フレドリックが計画し、
その死後にチェンバースが完成させた。

アーガイル公爵が他界すると、かれのウィットン庭園にあったこの国「最大のニュー・イングランド産ゴヨウマツ」を初めとする植物コレクションは、キュー庭園に移植される。

こうした地主・貴族たちのあいだに見られた植物熱は、もちろん一八世紀のイギリスで「庭園狂い」と呼ばれた庭園への関心の高まりと無関係ではない。「風景庭園」といわれる新しい庭園様式は、ルネサンス以来のヨーロッパの庭園作法を特徴づけてきた幾何学的なレイアウトと人為的な刈り込みを排し、自然との融和をはかり、変化と多様性に焦点をあてたことがその特徴である。地主支配社会体制を確立した貴族・ジェントリーは、その権威を、所領の広壮な建築物そのものによってではなく、建物を中心に、庭園、パークと呼ばれる周囲の森が同心円状に広がるトポスを創出す

図 1-8
1840 年に国有化後の王立キュー植物園

ることで、より権威的に顕示したのである。庭園の規模は拡大し、しばしば周辺との境界をあいまいにすることで、田園そのものを風景として「改良」することになる。人工の森のなかを、邸宅のある奥深い中心まで延々としたアヴェニューがつらぬく。アヴェニューはその両側に垂直の壁のように斉一な植樹を行なうことで造りだされるのである。

いわゆるカントリー・ハウスとその庭園・森林は権威の誇示としてだけ役立ったわけではない。それは貴族・ジェントリー階級の社交の舞台であり、共通の行動様式としての狩猟の場でもあった。田園のこうした屋敷をたがいに訪問しあうことで、地主貴族は緊密な交わりを重ね、同時に均質な階層のなかでの競争を行なっていたのである。目の前の光景を作りだす多種、多量の植栽は、そうしたエミュレーション（張り合い）の道具でもあった。コリンソンが組織したサークルの成員は例外なく、そうした庭園の著名な所有者たちであった。誰よりもいちはやく珍しく新しい植物を入手することがその目的だったのはいうまでもない。

五・タイサンボクをめぐって

貴族・ジェントリーの庭園熱は、植物それ自体を商品とする市場を生みだし、必要な植物を必要とされる量だけ供給する職業を成立させる。それが種苗商（ナースリーマン）である。種苗業は庭園の設計、管理を行なうガードナーから派生した営業種目で、すでに一七世紀にはそうした職業の成立をみていたが、本格的な事業として展開されるようになるのは一六八一年にケンジントンにブロンプトン・パーク種苗園が創業されてからのことであるとされる。コンプトンのコレクションを継承したクリストファ・グレイはその次世代を代表する一人であった。

一七三七年にグレイが刊行した一枚刷りのカタログは、中央にタイサンボクの巨大な花の絵を配し、下段には英仏二カ国語でその解説が記されている。左右の欄にはグレイのもとにある「イングランドの気候に耐えるアメリカ産の樹木・灌木」の在庫が列挙され、もちろんそこにタイサンボクの名を見出すことができる。この植物は六〇種ほどもあるマグノリア属に属する常緑樹で、現在の合衆国東南部の原産、イギリスでは一七三四年に南西部デヴォンシャーで開花した記録が最も古い。図版の解説によれば、描かれたのは同年に、コリンソンのサークルの一人であったサー・チャールズ・ウェイジャーズの庭園で開花したばかりのもの。首都近辺では初めて目にされたタイサンボクの花であった。種苗商のカタログは、同時にいち早い園芸情報を顧客に伝えるメディアでもあったのであろう。図の下端に目立たないように記されているモノグラムから、この図を彫版したのがマーク・ケイツビーであったと知ることができる。

マーク・ケイツビーは、かれが一七一〇～二〇年代にかけて二度にわたって行なった北米植民地への探検・採集旅行ですでによく知られた存在であった。帰国後、かれはロンドンの種苗商トマス・フェアチャイルドやグレイのもとで働きながら出版の準備を進め、一七二九年には分冊形式による『サウス・カロライナ、フロリダ、バハマ諸島の博物誌』(*Natural History of South Carolina, Florida and Bahama Islands*)の刊行を開始していた。各分冊は図版二〇点を収録し、五分冊が出された段階で一巻にまとめられた。結局『博物誌』は一七四七年に第二巻への付録(二〇図)を刊行し、およそ二〇年をかけてすべてが完了した。一七一種の植物のほか、多数の鳥、魚、両棲類・爬虫類などを収載し、一二〇点の手彩色の図版と解説からなるこの大冊は、イギリス最初の本格的博物図鑑の名に恥じない。ケイツビーは費用の負担を軽減するために彫版技術を習得し、彩色も自らの手で行なった。苦心はしたがともかくも完成にこぎつけて、出版は成功を収めたといえよう。第一巻序文には、サウス・カロライナ総督の任期中、ケイツビーを後援したフランシス・ニコルソンをはじめ、ハンス・スローンやチャールズ・デュボイスら、かれのカロライナ探検に「援助と激励」を惜しまなかった有志一一人に対する謝辞が述べられている。

タイサンボクは、ケイツビーの『博物誌』では第二巻に収録されたが、実は集中これに限って画家はケイツビー自身ではなく、ドイツ人の植物画工ゲオルク・ディオニシウス・エーレトであった。エーレトはハイデルベルクの庭師の子であったが、植物の絵を描くためにヨーロッパ各地を歴訪、一七三六年にオランダでリンネの『クリフォード庭園植物誌』（*Hortus Cliffortianus*）の図版作成を行なったのち、需要の最も多いと伝え聞いたイギリスに永住することになる。ロンドンの西、チェルシーにあった薬剤師組合の薬草園の管理人であったフィリップ・ミラーのもとへ身を寄せ、注文に応じて絵画や挿絵を作成し、ロンドンの社交季節には貴族たちに植物画を教授した。もっぱら異国的な植物を清新に描き、一八世紀を代表する卓越した植物画家である。『博物誌』のタイサンボクは、上下およそ五〇センチの図版の上半分いっぱいに、黒い背景から浮き上がるように描かれており、圧倒的な印象をあたえる。『博物誌』のなかでも代表作としてしばしば複製され、今日でもわれわれが目にする機会が多い。

一七五〇年代に、ヨークシャーのジェントリーでピーター卿とは縁つづきであったウィリアム・カンスタブルが、相続した所領の庭園の復旧を手掛けたとき、ロンドンのグレイから納入された植物のリストが現存している。合計八七品目のうち、四八品目が北米産の樹木であった。とびぬけて価格が高かったのがタイサンボクで、グレイは一株に二ポンド二シリングを請求している。アメリカの樹木はいまだなお流行しており、そしてタイサンボクはなかでも特権的な位置を保持していたのである。カンスタブルがケイツビーの『博物誌』を所持したかどうかは不明だが、ケイツビーやエーレトの出版が反映し、それを支え、また刺激していた市場がこうした人々によって成り立っていたことは間違いない。

六・植物帝国主義へ

アメリカ南部のジョージアは、ロンドンの負債者監獄に収容された人々が移住して始められたきわめて特異な植民地である。ジェイムズ・オグルソープが博愛事業として私財を提供して基金をつくり、一七三三年に財団が主導して最初の入植が行なわれた。われわれの関心からは、もう一つ特異な点に触れておかねばならない。

入植者を送り出すに先立って、一七三三年に財団理事会は、植物学者のウィリアム・ヒューストンと契約をかわし、かれを中央アメリカのスペイン領に派遣することを決定している。ヒューストンは船医として西インド諸島を航海した経験があった。メキシコで住民たちが行なっているコチニール染料の製法についての報告がロンドン王立協会の機関誌に印刷されている。この契約に付帯した命令書には、かれがたどるべき行程と、入手すべき「イギリス領植民地に欠けている」有用な植物とが詳細に指示されている。たとえばサルサパリラやヤラッパ、キナノキのような薬局方に記載された薬用植物や、ロッグウッドなどの染料木、コチニールを産する植物（赤色染料のコチニールはウチワサボテンに付着するカイガラムシからつくられる動物染料であるが、スペインが厳しく情報を秘匿したため、一八世紀前半までその製法が不明であったとされる）、養蚕のための桑の木等々。もちろんこれらは、ジョージア植民地に導入されて普及がはかられることになっていた。

しかし、ヒューストンは航海の途中で病死し、その後ハンス・スローンに推挙されたロバート・ミラーが後任としてその任務にあたった。かれは前任者の任期を継続し、さらに二年それを延長して、一七三八年まで現地にあった。興味ぶかいのは、ミラーへの契約書で、かれへの俸給が財団の基金からではなく、「植物学と農業の奨励・改良のための資金拠出者たち」によって負担されることが明記されていることである。最高額の五〇ポンドを毎期支払うことになっていたピーター卿をはじめ、リッチモンド公爵、ハンス・スローン、薬剤師組合（フィリップ・ミラー）やチャールズ・デュボイスら、七人と一団体が、拠出すべき額とともに記されている。

この名簿は、コリンソンのサークルや、ケイツビーの後援者たちの名簿と重複している。かれらが「南方の国々からいまわれわれが購入している亜熱帯産」の産品をジョージアで生産して本国に供給するという、植民地財団の国家的目的に賛同していたことはたしかである。しかし同時にかれらはミラーから個人的に植

図 1-9
ジョージア植民地建設財団の財団立庭園

物の送付を受けていた形跡がある。それはかれらの庭園の植物コレクションを、さらに充実させるためであったはずである。

ミラーは任務をはたした。そのことは、一七三六年にこの地を訪れた一人の人物が、サヴァンナの東にあった「庭園」について記したことによって知りうる。「北西の風の遮られる、園でいちばん暖かいところに、西インド産の草木のコレクションがあった。コーヒー、カカオ、ワタ、パルマ・クリスティ、そしていくつかの西インド産の薬用植物類〔……〕」。この「庭園」が、財団の会計記録に「植物学と農業の改良のための庭園の費用」として現われるものと同一であることは疑いないし、上記の資金拠出者たちとの名称の類似から、スペイン領への植物採集者の派遣と、公的資金による植民地への実験的農園の設置とが一体の計画であったのは確実である。資源の国外依存の危険をとりのぞき、いっぽう財貨の流出を防ぐために、あらゆる植物を帝国領土内に集めるという、植物帝国主義の図式はここに端緒をもつといってよい。

一八世紀の後半にこの図式にしたがって、東西帝国領土の縁辺に配した植民地植物園のネットワークを利用して、東西両半球の「熱帯間」の植物の大規模な交換を構想し、政府中枢にはたらきかけてさまざまな事業をなしたジョゼフ・バンクスについては、よく知られている。さらにまたヴィクトリア朝にいたってその反転した再版として、南米産のキナノキ、パラゴムがイギリスの熱帯アジアの植民地に移植された経緯については、L・

ブロックウェイの著書『科学と植物の拡大——英国王立植物園の役割』（*Science and Colonial Expansion : The Role of British Royal Botanic Garden*, 1979）に詳しい。ここでは、このバンクスに先駆けてこの図式をひたすら明瞭にデザインした人物を紹介するにとどめよう。それがジョン・エリスである。

ロンドンのリネン卸商人であったエリスは、熱帯アジアの植物の北米南部植民地への移植を実現するために、三つのそれぞれ補完的な企画を提唱し、自ら実践している。植民地への「実験庭園」の設置、種子の発芽能力を失わない輸送方法の開発、そして移植すべき植物の目録の作成である。

植民地への公的な資金による実験庭園の設置は、エリスの提案で、一七五四年に創立された産業奨励のための篤志団体、勧業協会（Society for the Encouragement of Arts, Manufactures and Commerce）の懸賞の対象となり、一七六五年にはこれに応じて、七年戦争後にイギリス領に併合された西インド諸島のセント・ヴィンセント島に植物園が誕生する。一七五〇年代の末に、サウス・カロライナ在の医師アリグザンダー・ガーデンとエリスの間でくり返された種子の輸送実験の結果は、一七七〇年に冊子形式のマニュアル『東インドおよびその他の遠方の諸国から生育した状態で種子と苗木をもちきたるための指針』（*Directions for Bringing over Seeds and Plants from the East Indies*）として公開されたが、その末尾にはアメリカ植民地に移植すべき八四種の植物が、その産地とともにカタログ化された。このカタログは翌年、創刊されたばかりのアメリカ哲学協会機関誌（*Philosophical Transactions of American Philosophical Society*）に、なんらの変更を加えず再録されることになる。

まさにこの瞬間に、アメリカは植物を受けとる側に転じ、植物の移動の方向は再度東から西へと逆転したのである。それは同時に園芸から有用性への再度の転換でもあった。植物帝国主義の時代はここから本格的に開始されることになるだろう。だが重要なのは、にもかかわらず、そうした企画の当事者たちは同一のままであり、植物の共同体は断絶することなくその後も健在であったことである。なによりも、エリスがコリンソンの親密な盟友であったことがそれを証言している。

参考文献

David E. Allen, *The Naturalist in Britain : Social History*. London : Allen Lane, 1976.（D・E・アレン、阿部治訳『ナチュラリストの誕生――イギリス博物学の社会史』平凡社、一九九〇年）

Lucile H. Brockway, *Science and Colonial Expansion : The Role of the British Royal Botanic Garden*. New York: Academic Press, 1979.（L・H・ブロックウェイ、小出五郎訳『グリーンウェポン――植物資源による世界制覇』社会思想社、一九八三年）

Bertha S. Dodge, *It Started in Eden : How the Plant-Hunters and the Plants They Found Changed the Course of History*. New York etc.: McGraw-Hill, 1979.（B・S・ドッジ、白幡節子訳『世界を変えた植物

——それはエデンの園から始まった』八坂書房、一九八八年）

Richard H. Grove, *Green imperialism : Colonial expansion, tropical island Edens and the origin of environmentalism, 1600-1860*. Cambridge : Cambridge University Press, 1995.

Henry Hobhouse, *Seeds of Change : Five plants that transformed mankind*. London : Sidgwick & Jackson, 1985.（ヘンリー・ホブハウス、阿部三樹夫＋森仁史訳『歴史を変えた種』パーソナルメディア、一九八七年）

David Mackay, *In the Wake of Cook : Exploration, Science & Empire, 1780-1801*. Beckenham, Kent: Croom Helm, 1985.

John Prest, *The Garden of Eden : The Botanic Garden and the Re-Creation of Paradise*. New Haven : Yale University Press, 1981.

Michael Tyler-Whitle, *The Plant Hunters*. London : William Heinemann, 1970.（M・T＝ホイットル、白幡洋三郎＋白幡節子訳『プラント・ハンター物語——植物を世界に求めて』八坂書房、一九八三年）

川崎寿彦『庭のイングランド——風景の記号学と英国近代史』名古屋大学出版会、一九八三年。

白幡洋三郎『プラントハンター——ヨーロッパの植物熱と日本』講談社、一九九四年。

第二章

重商主義帝国と植物園

自然は熱帯地域に、つきせぬ量のもっともすぐれた植物という恩恵をあたえた。ところが北方の住民にあたえられたものといえば、しなびた漿果、痩せこけた根があるにすぎない。かれらが、もし、なんらかの果実を手にするとすれば、それは忍耐と、熟練と、勤勉の結果なのである。

（『エンサイクロペディア・ブリタニカ』四、五、六版への補遺、「パンノキ」の項目）

一 植物の帝国

イギリス共和政期の重商主義立法「航海法」を改訂強化した一六六〇年の議会制定法は、追加条項において、かならず本国へ輸送されねばならない植民地物産として、砂糖、煙草、原綿、インディゴ（インド藍）、生姜、各種の染料木を指定した。「列挙品目」と呼ばれたこれらの「イギリスの工業や貿易がつねに必要と」し、「ヨーロッパがつねに需要する」産物が、すべて熱帯・亜熱帯（以下熱帯と一括）の植物産品によって占められていたことは、ヨーロッパの重商主義といわれるものの基底にあったのが、熱帯植物への欲望であったことをよく示している。

熱帯アジアの胡椒・香料植物の存在が、ヨーロッパのアジアへの進出をひきおこした。しかし、アジア、アメリカの熱帯地域に到達したヨーロッパ人は、そこにかれらがかねて希求したものだけでなく、未知の有用植物をも発見した。進出を継続させ、支配にいたる動機をあたえたのは、高緯度にあるヨーロッパと、熱帯地域との間の圧倒的な植物相の差であったといえよう。そのあるものは、煙草、茶、コーヒー、ココアのように、ヨーロッパ人の生活慣習を変え、あるものは、インディゴ、コチニールなどの染料、各種の樹脂・油脂のように、ヨーロッパで発達しはじめていた製造業の原料として需要をうみだした。ヨーロッパによる熱帯の支配が拡大するにつれ、ますますその熱帯植物資源への依存は高まった。

重商主義とは、そのさまざまな制度的・政治的側面をはぎとってしまえば、最終的には、ヨーロッパ全体で消費される熱帯植物と、そこで生産される工業製品（とりわけ動物産品である毛織物や金属加工物）とが、熱帯地域とヨーロッパとの間で交換され、その不足を補う対価として、新大陸からヨーロッパに流入した金銀地金が再流出するという物流にほかならない。こうした交換のなかで、より多くの配分を獲得することを目的として、重商主義国家間の競争が行なわれるならば、国家は、ヨーロッパにおける中核に従属して、植物資源と、製品への市場を独占的に提供する熱帯地域を周縁にもつ植民地帝国へと再編されざるをえない。

植物には、それが植物であることによる制約がある。大地に根ざす生命として、それが生育するために、土地と生長の期間を必要とすること。また特定の植物は、特定の気候環境においてよく生長するということである。重商主義が、熱帯植民地を形成するにいたった理由の一つがここにある。植物資源を効率よく、安定して入手・獲得するには、植物を栽培する土地と、植物が生育する期間、そして必要な労働力を支配すること、すなわち「空間」と「時間」と「人」とを支配する必要があるということである。熱帯アジアに最初に進出したポルトガルが香料貿易において行なったように、現地に商業の拠点を置き、現地の商人をつうじて商品を入手してヨーロッパの市場で売却益をあげるという交易から、後発の進出国による、植民地を設け、軍隊と行政機構、あるいは巧妙な外交を用いて、継続的な支配を行ない、人と資本を送り、有用植物を栽培し、本国へ輸送して市場に供給し、あるいは外国市場をもとめて再輸出するという重商主義帝国形成への展開は、まさに植物というもののもつ特殊な条件に規定されて、その目的に合致するように行なわれたものである。プランテーションは、それを最も効率よく行なう経営方式であった。ヨーロッパで消費される植物産品の単一栽培のために、在来の熱帯農業は破壊され、不自由な労働力が投入された。こうして形成されたのは「植物の帝国」であったのである。

特定の植物が特定の気候環境を要求するということは、二つの相対立する植物政策をうみだすことになる。一つは、産地の限定による特定産品の一国の独占であり、他は、競争国が、自らの帝国領土内に類似の気候環境をもとめて植物の移植・導入を行なうことによる独占の打破である。産品の独占の最も典型的な例に、オランダが香料諸島で、クローヴ、ナツメグを独占するためにとった政策がある。オランダ東インド会社は、この二種類の香料植物の栽培を、アンボイナ島、バンダ諸島に厳しく限定し、それ以外の地に発見された樹木はすべて伐採した。このことで、オランダはヨーロッパ市場に対するこれら香料植物の供給を完全に独占し、市場を操作し、自由に価格を設定することが可能になった。

もう一つ、コチニールの例を挙げておきたい。赤色染料のコチニールは、コチニール・カイガラムシの幼虫をつぶして得られるもので、厳密には植物産品とはいえない。だが、この幼虫は、特定のサボテンのみに着生し、このサボテンはプランテーション作物として栽培されたので、われわれはこれを植物資源としてあつかうことができるだろう。一六世紀に、中央アメリカでこれを発見したスペインは、きびしくその情報を秘匿して、それが動物染料であることを他の世界に知らせようとしなかった。そのため一八世紀になっても、なお植物染料であることを疑わず、それを探しもとめる者があった。こうして、一八世紀には、スペイン領のメキシコとカナリア諸島から積み出されるコチニールだけが、ヨーロッパへの供給をまかなったのである。

こうした独占を破り、重要植物産品の外国への依存という隘路を回避するために、植物の移植、帝国外の植物の帝国内熱帯領土への移植が構想される。

二 植物の移動

栽培植物は、野生状態のものから選ばれて、移植され、育種改良されることで発達してきた。だからすべての栽培植物は移植された植物であるということができる。農耕の起源以来、長い歴史をつうじて、人の移動、文化の接触とともに栽培植物は移動してきた。なかでも大規模に、劇的に行なわれたのが、コロンブス以降の新旧両世界間の植物の相互の交換である。とりわけ「新大陸からの贈り物」についてはよく知られている。ジャガイモは、すでに一七世紀にはアイルランドで主食作物として栽培が開始され、一八世紀には北ヨーロッパに広がった。新大陸で唯一穀物として栽培されていたトウモロコシは、地中海地域にまず導入され、やはり一八世紀には東欧で、小麦との輪作が行なわれるようになった。ジャガイモと同じくアンデス山地原産のトマトは、その鮮やかな色彩から、はじめ観賞用に栽培された。おそらくそれを最初に食用にしたのはイタリア人で、一八世紀の中ごろには、他の国々でも食用として栽培が開始された。

新大陸の植物の影響を受けたのはヨーロッパだけではない。トウモロコシは一六世紀のなかばには中国にまで到達する。スペイン人はフィリピン諸島に、ポルトガル人はインド・中国にサツマイモをもたらした。熱帯アメリカの根菜類カッサヴァは、おそらくアフリカ西海岸から奴隷を輸送した人々の手でアフリカにもたらされ、その地で最も重要な主食作物となる。こうした、栄養価に富み、栽培が容易で、しかも保存に適した新しい主食作物は、旧世界の多くの地域で、人口の増大をもたらした。

しかし、新世界からヨーロッパにもたらされた食用植物にかんしていえば、さきに見た例にも知れるように、ただちにヨーロッパで受け入れられ、ヨーロッパ人の食事を一変させたわけではない。むしろ保守的な食の習慣にあって忌避されたといってもよいだろう。それでもジャガイモやトウモロコシが定着したのは、ようやく生存を維持するにすぎなかった最も貧しい人々の主食となったからである。だから、新大陸からの新種作物は、ヨーロッパでは人口動態へ影響をあたえるにとどまっていた。

いわゆる「コロンブスの交換」(A・W・クロスビー、一九七二)のヨーロッパへの影響は、むしろ「交換」のもう一つの方向、旧世界から新世界への植物の移植によるところが、より大きかったであろう。旧世界から新世界の温帯地域には、入植者の手で、小麦、牧草が運ばれて、牧畜と穀類栽培というヨーロッパ式の混合農業それ自体が移転される。熱帯アメリカには、米、インド藍、サトウキビ、コーヒーといった熱帯アジア・アフリカ産の作物が導入された。新世界において発見された、煙草、海島種の綿花(シーアイランドコットン)、カカオを含めて、ヨーロッパは熱帯植物への欲望の一部を、大西洋をはさんで建設された帝国の内部で充たすことが可能になった。

新旧両世界間の植物移植を行なった名前のわかる最初の人物は、コロンブスその人である。かれは最初の航海でトウモロコシをもちかえり、第二回航海では、小麦、オリーヴ、サトウキビなどを輸送して、エスパニオラ島への移植をはかった。コロンブスが積み込んだサトウキビは、大西洋のスペイン植民地カナリア諸島で栽培されていたものである。カナリア島をはじめ、ポルトガル領のマデイラ島、サン・トーメ島ではすでに、一五世紀にサトウキビの単一栽培が行なわれ、ここでは、破砕、搾汁、煮沸、砂糖と糖蜜の分離、ラム酒製造の技術と、奴隷労働力を用いたプランテーション経営の手法が確立していた。サトウキビのプランテーションそのものは、一四世紀にヴェネツィア人によって、クレタ、キプロスなどの地中海の島で、栽培はさらにそれより古く、東地中海で十字軍兵士の手によっても行なわれている。サトウキビは、この土地へは、おそらくインドからイスラム商人によってもちこまれた。東地中海のイスラム征服者は、アジアからそのほかにも米、綿花、茄子、柑橘類、プランティン（料理用バナナ）を導入していた。だから、スペインによって行なわれた新世界への植物移植は、まずイスラム商人の活動にはじまる植物の、東から西への移動をになう、最後のアンカー・ランナーとしての仕事であったことになる。

サトウキビと砂糖の製造技術とは、ブラジルで砂糖生産を行なっていたオランダ人の手によって、一六四〇年代にイギリス領のバルバドス島にもちこまれた。バルバドスの入植者は、煙草、綿花の栽培から、サトウキビの栽培に積極的に転換した。オランダ人はバルバドスの砂糖をアムステルダムに輸送し、その地の精製工場で精製して、ヨーロッパの市

図 2-1
1640 年頃のバルバドス島。
サトウキビ農園は、風下にあたる西海岸に集中している

場に供給した。航海法の列挙条項（一六六〇年）は、このオランダによる砂糖の支配から脱却することを目的としていたのである。一六五五年にスペインからジャマイカ島を奪取したイギリスは、はじめスペインの新大陸からの輸送船団を襲う、私掠行為の拠点としてこの島を利用したが、その後、ここへも砂糖生産を拡大し、一八世紀には砂糖生産の中心はバルバドスからジャマイカへ移動した。

　サトウキビと同じように長い距離を移動した新世界のプランテーション作物はインディゴである。インディゴは、すでに紀元前二〇〇〇年にはインドで栽培されており、中東および東地中海地域でも古くから知られていたが、一六世紀にヨーロッパへ輸入が開始されるや、ヨーロッパで栽培されていた青色染料の大青（たいせい）にかわって人気を博した。イギリス、オランダの東インド会社がヨーロッパ市場に供給していたが、一八世紀のはじめ、フランスが西インドの植民地に導入して栽培を開始した。一七四〇年代に

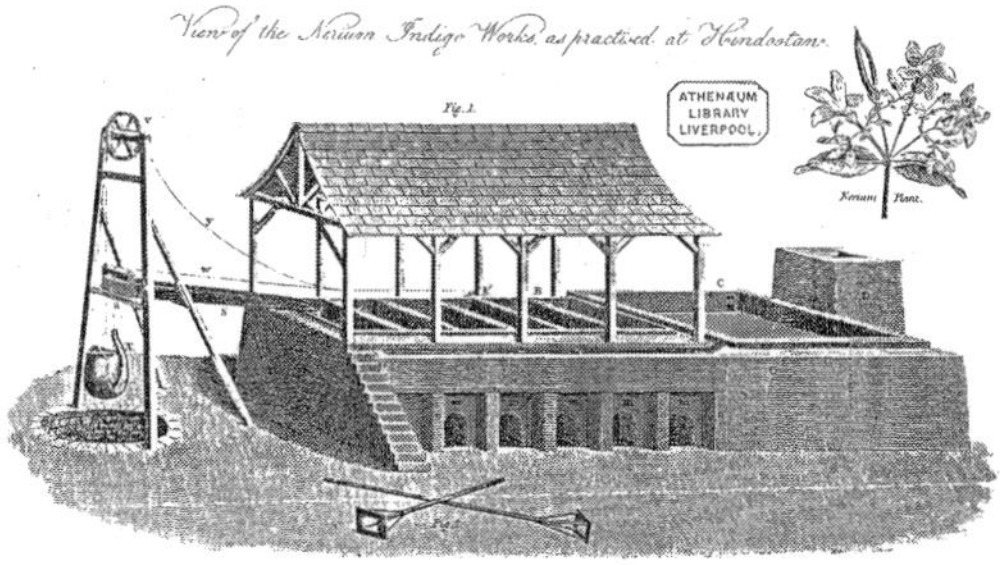

図 2-2
インディゴの製造施設

ここからひそかにもちだされたものが、イギリスの北米南部植民地サウス・カロライナの主要プランテーション作物となる。

　コーヒーは、さらに曲折のある経路を経て、新世界に導入された。オランダが警戒の目をぬすんでアラビア半島のモカ港からもちだした一六五八年に、まずセイロンで、一六九六年にはスマトラ、ティモールのオランダ領東インドで、栽培が開始された。一七〇六年、アムステルダムの植物園に苗木が運ばれて、その後、一本の苗木が、パリの王立植物園に分与された。フランスの西インド植民地に導入されたコーヒーは、この一本の苗木に由来するものである。ジャマイカには、フランス領西インドから、一七一九年につたえられたが、本格的に栽培が行なわれるのは、一九世紀以降のことである。

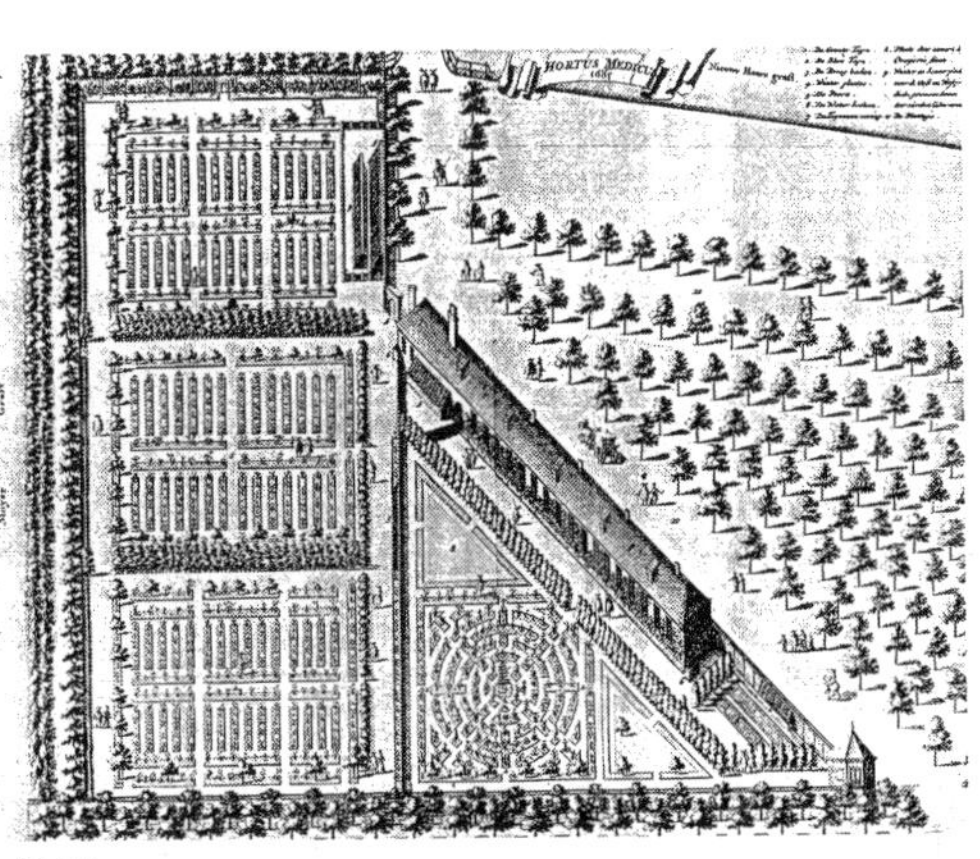

図 2-3
カスパル・コメリン時代のアムステルダム植物園

　西インド諸島で栽培された重要な経済植物は、香辛料ピメントを除いて、すべてが熱

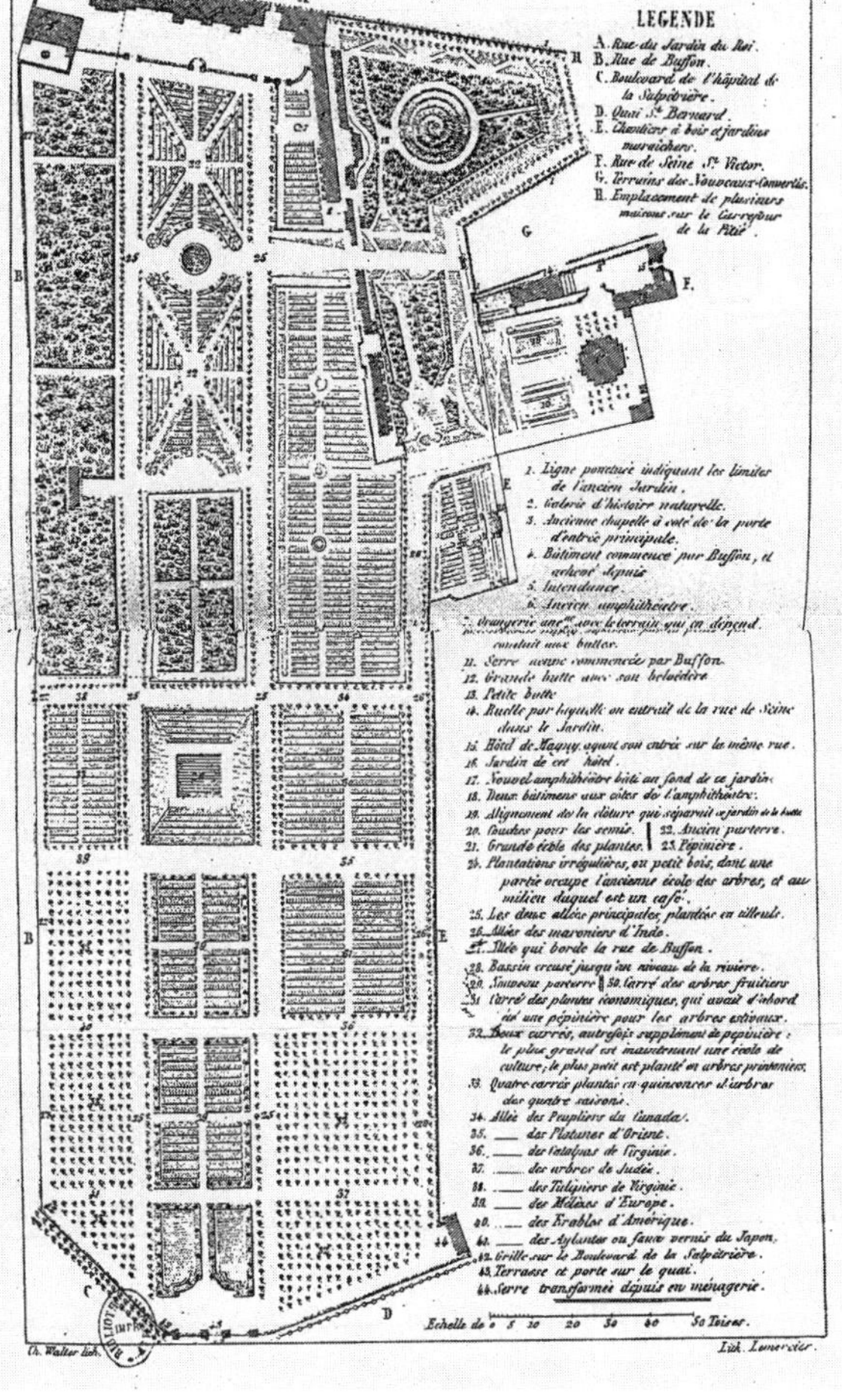

図 2-4
パリの王立植物園（1788 年）

帯アジア、アフリカ、南米本土から導入されたものである。そして、スペイン、オランダ、フランス、イギリスの植民地領土がいりまじって存在するカリブ海域では、植物の秘密が保たれることはなかった。航海、入植、占領はつねに植物の移動をともなった。この狭小ではあるが、帝国にとってきわめて重要な位置を占めたカリブ海（北米大陸南部を含む）の熱帯領土に、計画的に植物の移植をはかって、スペイン、オランダによる独占を破ろうとしたのがイギリス、そしてフランスであった。

三 植物移植

一六七二年二月一二日、廷臣ジョン・イヴリンは、イギリス国王の諮問機関である国外植民地委員会（Council of Foreign Plantations）に出席したことをかれの有名な日記に記している。席上議題となったのは、「絹、没食子（オークの虫癭）、亜麻、センナ等によって、（北米）植民地を改善すること」と「ナツメグとシナモンを入手し、ジャマイカに導入する」方法についてであった。「土壌と気候は成功を約束している」と、肯定的な感想をかれは書きとめている。

絹、黒色顔料である没食子、薬用植物であるセンナは、イギリスがレヴァント貿易をつうじて輸入していた東方物産であり、ナツメグとシナモンは、この年イギリスと戦争を開始することになるオランダが、それぞれ香料諸島とセイロンで独占していた香料植物である。この植民地委員会の計画は実現をみなかったが、アジアの植物を西半球に移植し、帝国領土内で自足をはかる計画が、政策化直前までいった早い事例であっただろう。植物移植がふたたび、政策のレベルでとりあげられ、政府の関与によって実行に移されるには、後述する一七八七年以降のパンノキの移植事業をまたねばならなかった。

一八世紀のなかば、ふたたび同じような計画がもちあがる。それを作成し、推進したのは、一七五四年に設立された「技術、製造業、商業の奨励のための協会」(以下「勧業協会」と略称)である。勧業協会は、一八世紀のイギリスのさまざまな活動に特徴的な、コーヒー・ハウスにおける非公式の会合から発生したヴォランタリーな団体の一つで、重商主義時代のイギリス社会が、技術に寄せた関心を代表するものである。この団体の目的は、イギリス経済が必要としている技術上の革新に対して、その成果に報奨金を提供することによって奨励することにあった。そのために、技術上の課題をリストにし、それを配布することを行なった。医者・科学者から、市民、ジェントリー、有力な貴族、政治家にいたるまで、すでに設立の四年後に七〇〇人を数えた会員数の多さ、豊かな資金、政府への影響力などの点を背景に、この時期に重要なはたらきをなした民間団体であった。

勧業協会が最初に課題としたのが、顔料・染料の原料であるコバルト、茜の国内での自給であったことに知れるように、この団体の活動にも、重商主義帝国というものの隘路に対する危機感、問題意識があった。

協会は、その初期から、執行機関のうちに「植民地・貿易委員会」を設けて、問題の検討にあたっている。協会が一七五八年以降、毎年発行した「報奨金提供リスト」（Premium List）の植民地・貿易部門に掲載された項目は、とりもなおさず、この国が帝国内での自給を焦眉の急であるとみなした植物資源、とりわけ熱帯植物資源のリストであった。そこにはコチニールなどの染料、ゴマなどの油脂用植物、バリラ（海藻）などのアルカリや、シルク、コットンといった繊維などの工業原料、香料植物のシナモン、ナツメグ、さらにケシ、キナノキなどの医薬用植物があがっている。

注目すべきことは、これら植物産品の、北米・西インド植民地への導入・栽培に対する報奨金の提供とならんで、植民地植物園（Provincial Garden）の設置の項目があることである。その理由の説明のなかに、「王国、および植民地に自生しないような、希少で有用な植物の栽培実験を行なう庭園あるいは種苗園として、わが北米植民地に適当なる土地を設定すること」として、北米植民地を対象にすることを明らかにしている。

これは、協会につよくはたらきかけて植物園への報奨金提供を承認させた、ロンドンの亜麻商人ジョン・エリスが、すでに北米植民地サウス・カロライナの医師アリグザンダー・ガーデンと通信して、植物園を設ける構想をたがいに交換していたからである。二人はともに、勧業協会の会員であり、とくにガーデンは、最初の在外会員として、協会に依頼されて、北米南部植民地で有望と思われる植物のリストを作成した経緯もあって、この計画を協会の協力を得て実現しようとしたものである。

植物園への報奨金提供は、一七六〇年にはじめて行なわれ、七年間継続されたが、結局サウス・カロライナでは実現しなかった。ガーデンは、しばしば書簡のなかで、現地でインディゴや米の栽培を行なっていたプランテーション経営者の無理解・無関心を嘆いている。

エリスは、一七五六年にロンドン王立協会の会合で報告したハゼノキに関する論考で、勧業協会が、「現在は多大の費用を費やしてスペイン、フランス、イタリア、レヴァント、アフリカ、東インドからもたらされている植物産品の栽培を促進する計画」をすすめていることを紹介し、「最大の困難は、二つの長い航海の間、その発育する力(vegetative quality)を維持すること」であるとした。

ロンドンのエリスとサウス・カロライナのガーデンとの間に植民地植物園の構想が交換されていた一七五〇年代の後半、並行して二人は、植物を交換しながら、種子を輸送する最良の方法を発見するために、さまざまな実験を実施している。一七五九年には勧業協会が、「種子の保存方法を研究する委員会」を設け、エリスもそれに参加した。委員会は、マンゴーの種子をイギリスにもたらした者へ一〇〇ポンドの報奨金を協会が提供することを決定したが、それには「この協会が西インドに導入し、その時すべてが発芽しうる状態にあること」という条件が付されていた。

協会はたんに植民地への植物導入を奨励しただけでなく、アジアから北米・西インドへの植物輸送を、ロンドンにおいて中継し、自らの管理のもとに事業を行なうことを構想していたのである。協会は栽培のための施設をもたなかったので、ロンドンのチェルシーにあった薬種商ギルドの薬用植物園にそれを委託した。こうしてわれわれは、エリスおよび勧業協会の北米・西インド植民地への植物導入の奨励、植民地植物園の設置の奨励、そして植物を生きたまま輸送するための方法の研究・開発が、それぞれ関連しあって、一つの大きなプロジェクトを構成していたことを知るのである。

ジョン・エリスは、一七七〇年に『東インドおよびその他の遠方の諸国から生育した状態で種子と苗木をもちきたるための指針』と題する小冊子を出版した。末尾に「わがアメリカ植民地で奨励されるべき外国植物のカタログ」を一二ページにわたって付し、八〇種の植物名を、その産地、用途とともに挙げている。大半を薬用植物、染料植物、樹脂植物が占めているが、イギリスの一八世紀が、繊維工業を基軸に、新しい工業国家へと変貌しつつあったこと、しかもテキスタイル製品に対する消費の性向が、ますます流行をおって変化していたことを考えれば、染料や染色工程に用いられる樹脂の重要性を理解するのは難しいことではない。重要な植物染料のうち、イギリスが本国で生産していたのは黄色染料のモクセイソウのみであった。大青とサフランも栽培されていたが、すでに時代遅れとされていた。七年戦争の終結によって、ヨーロッパ各国の繊維産業が復興した一七六〇年代、供給の不安はピークに達し、イギリスはアムステルダムとセビリャに死命を制せられていたのである。この一七六〇年代に、最初の植民地植物園が誕生したのは偶然ではない。

四 植民地植物園

エリスおよび勧業協会の植物園設置計画は、英領西インド諸島のセント・ヴィンセント島において実現することとなる。セント・ヴィンセント島は、七年戦争後、一七六三年のパリ条約でイギリスに帰属したグレナダ植民地の一部である。一七六五年、各島巡回中の植民地総督ロバート・メルヴィルは、この島の駐屯部隊づきの医師ジョージ・ヤングが薬草の栽培を行なっていることを知り、かれに植物園の建設をもちかけた。メルヴィルは、勧業協会の会員であり、個人的にも植物と園芸に関心を有していた。

島の南部渓谷地に、総督の費用で、はじめ六エーカーの森林が開墾され、垣根の代わりに熱帯アメリカ産の染料木ログウッドが植えこまれた。この総督の植物園が、公の施設であったかどうかは微妙なところである。植物園を管理するヤングには、総督から黒人労働者があたえられた。総督は自らの費用で、植物採集者をスペイン領の中米大陸本土に派遣してもいる。しかしヤングの身分は駐屯地づきの外科医のままで、医師としての俸給を得ていた。植物の収集と維持のための費用には、不要な植物を売却した代価をあてることが許された。植民地総督というもののもつ、公私の権限の境界のあいまいさに立脚した施設であったといえばよいだろうか。

　しかし、いかに総督の私的な庭園めいてみえようと、その目的が、西インドへの有用植物の移植基地とすることであったのは確かである。一七七二年、ヤングは、ロンドンの勧業協会に宛てて送った植物園の現状報告のなかで、植物園の目的が「北部植民地に産せず、そのために王国が外国人に対して多額の失費を強いられている、食料、医薬、商品作物を英領西インドに導入する」ことであった、とつたえている。

　この報告の時点で、セント・ヴィンセントの植物園には、染料植物のログウッド、サフラワ、鬱金、コチニール・サボテン、アーナト、医薬および樹脂・油脂植物としてスカモニー、コロシント、大黄、センナ、アロエ、コリアンダー、ユソウボク、チャイナ・ルート、巴豆（はず）、コパイバ、ガルバナム、ゴマ、食用および香料植物として、マンゴー、棗（なつめ）、アニス、ヴァニラ、トバゴ島のナツメグ、さらに桑、竹などが栽培されていた。多くは西インドの周辺諸島および本土から移植が可能であったものであり、医薬・染料にとくに比重が置かれている。しかし、ヤングは、今後入手することを希望する植物の長大なリストを付し、とくに熱帯アジア産のクローヴ、ナツメグ、胡椒など香料植物の名を挙げている。さらに重要なのは、かれが、「ロンドンおよびその周辺の国王の植物園その他の植物園」

をつうじて、それらの植物の入手を予定していることを語っている点であろう。イギリス本国の植物園と植民地植物園との植物交換のネットワークがここに成立しようとしている。セント・ヴィンセントという植民地の小島に誕生した植物園がなんであったかを、もっとよく知るために、ここで植物園というものの二つの系譜について確かめておきたい。

図 2-5
セント・ヴィンセント島の植物園
(Rev. Lansdown Guilding, *An Account of the Botanic Gardens of the Island of St.Vincent*, 1825 より)

ヨーロッパの植物園は、大学付属の薬用植物園に起源がある。一六世紀の四〇年代に、北イタリアのピサ、フィレンツェ、パドヴァの諸都市に置かれた植物園は、いずれも大学の医学教育における、マテリア・メディカすなわち薬物学の実地教育に資するための機関として設置されたものである。これらにならい、同じ世紀のうちに、イタリアのボローニャ、ローマ、オランダのライデン、ドイツのライプツィヒ、

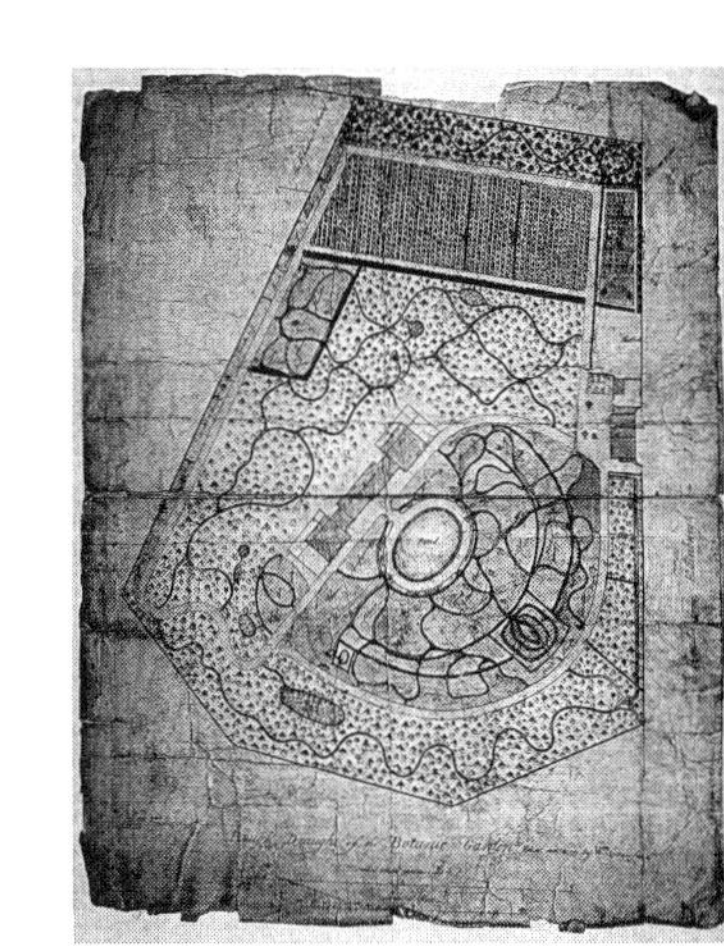

図 2-6
エディンバラ、リース・ウォーク植物園

フランスではパリとモンペリエの各大学に薬用植物園が設けられた。

　これらの薬用植物園は、ヨーロッパのアフリカ・アジアおよび新大陸への進出にともなって、初期の航海者、冒険商人が、とりわけ熱帯地域のゆたかな植物相のなかから選んでもちかえった未知の植物を収集し、その栽培の実験と薬用効果の実験を行なった。ここにいう薬用効果とは人間の身体の疾患への治癒効果のみならず、染料としての発色、あるいはアルカリ効果など、天然資源としての植物が、うちに匿している「効能」に由来する、あらゆる利用可能な効果を意味する。あらゆる有用植物は、たとえば木材や繊維のように、もの自体として利用されたり、食物として摂取される以外は薬用植物とみなされたのである。しかもルネサンス医学においては、ヒポクラテス流の、食品の摂取による健康維持・回復の方法が、きわめて重要な分野を占めていたから、香料植物・香草も薬用植物として当然あつかわれており、これらはすべて同一の市場を有していたのである。薬用植物園が、すでに知られた薬草だけでなく、未知の植物一般

図2-7
チェルシーの薬種商ギルドの薬園

に関心をしめしたのは、すべての植物に「効能」の存在が想定されたからである。

イギリスでは、最初の大学付属の植物園は、ようやく一六二一年にオックスフォードに設置された。一六七〇年には、エディンバラ大学に薬用植物園が設置される［図2-6］。

この植物園は、植物学教授の管理のもとに置かれたが、歴代の植物学教授はホリールードの国王の薬草園の管理人を兼職し、「国王の植物学者」として、王室からの俸給を受けた。一六七三年には、ロンドンの薬種商ギルドの薬園が、チェルシーに開設されている［図2-7］。ロンドンの薬種商人は、投薬医療をも行なったから、ここでは薬物学の実地教育がなされていた。アイルランドでは、一七八三年頃にダブリンのトリニティ・カレジに薬用植物園が設けられている。

こうした教育機関に付設された植物園とは別に、植物学者、園芸家、薬種商らが私的に行なった植物コレクションの系譜をみのがすことはできない。すでに、一五九六年、植物学者ジョン・ジェラードがロンドンのホウルバンに設けた庭園は、各種の外来植物を集めて、事実上の植物園となっていた。アンデス原産のジャガイモが、ヨーロッパにおいてはじめて栽培されたのは、このジェラードの庭園であったことが知られている。一七世紀に入っても、ロンドンの薬種商ジョン・パーキンスや、王室庭師ジョン・トラデスカントの庭園は、その豊富な外来植物の収集によって有名であった。トラデスカントは、自らロシア、アフリカ北岸で植物採集を行ない、一六三四年に発行されたかれの収集カタログには、七五〇種以上の植物が記載されている。国教会のロンドン主教ヘンリー・コンプトンのフラムの植物園は、主として北米の植物を収集し、かれはこれを管轄下にあった北米植民地の宣教師をつうじて入手した。

一七世紀の後半以降顕著になる、北米植物のイギリスへの大量の流入は、イギリスにおける庭園熱と関係している。貴族・ジェントリーは広大な森林を人工的に築いて、庭園を外部の田園と一体化させる風景設計をこのんで行なった。こうした森林庭園の植栽に用いられた樹木のほとんどは、北米大陸から移植された針葉樹、灌木、花木であった。ロバート・クレイトンは、サリー州のかれの所領の景観を植樹によって一変させ、そこは「外国のよう」であったという。ロンドンの商人ピーター・コリンソンは、ニュー・イングランドの職業的植物採集者ジョン・バートラムと契約し、継続して北米の新種植物を輸送させ、他方本国の植物コレクターを組織して、植物を配布した。これには、ベッドフォード公爵、リッチモンド公爵などが参加している。コリンソンはこうして、少なくとも一七一種の新種作物をイギリスに導入し、自らも、一七四九年、ロンドン北郊のミル・ヒルに私的な植物園を設置した。北米から植物移植における関心は、著しく観賞用の園芸・庭園植物に傾斜していた。

いっぽうでは植物の研究のために、他方では植物の楽しみのために設けられた植物園の二つの系譜が、一つに統合されたのが、一七五九年以来、チェルシーの薬園出身の園丁ウィリアム・エイトンの手によって、あらたに植物園として改編されたロンドン郊外のキューの王室庭園である。キュー植物園の出現によって、「植物学－庭園」(botanical garden) という、二重の複合した機能をもつ社会的制度としての植物園が確立し、その後多かれすくなかれ植物園は、キュー植物園を原型とし、小型のキュー植物園をめざすことになる。すでにみた、セント・ヴィンセントの植物園のあいまいな性格も、またこのことによって説明されよう。そして、キュー植物園の誕生以後、一七六二年のケンブリッジ大学の植物園設置、同年のジョン・フォザギルによる、おそらく個人の植物園としてはイギリス最大の規模を誇ったアプトンの植物園の開設、一七六三年のエディンバラの植物園の

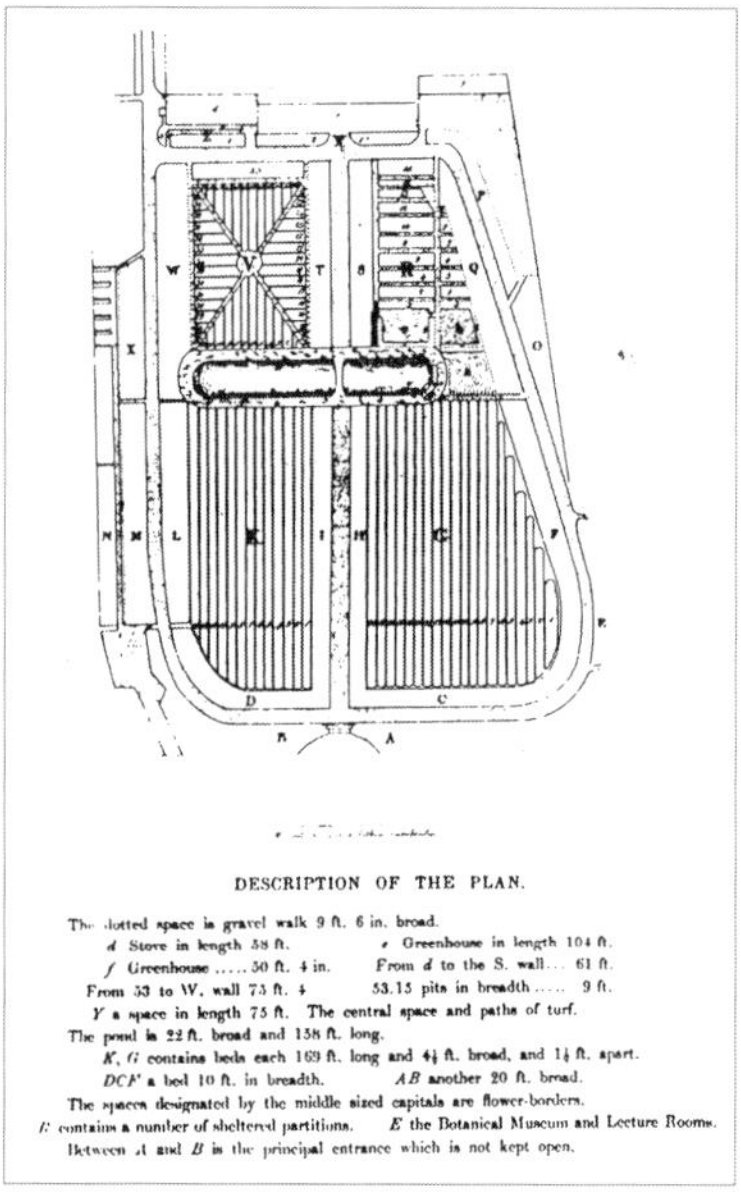

DESCRIPTION OF THE PLAN.

The dotted space is gravel walk 9 ft. 6 in. broad.
d Stove in length 58 ft. e Greenhouse in length 104 ft.
f Greenhouse ..... 50 ft. 4 in. From d to the S. wall... 61 ft.
From 53 to W. wall 73 ft. 4 53.15 pits in breadth ..... 9 ft.
Y a space in length 75 ft. The central space and paths of turf.
The pond is 22 ft. broad and 158 ft. long.
K, G contains beds each 169 ft. long and 4½ ft. broad, and 1½ ft. apart.
DCF a bed 10 ft. in breadth. AB another 20 ft. broad.
The spaces designated by the middle sized capitals are flower-borders.
E contains a number of sheltered partitions. E the Botanical Museum and Lecture Rooms.
Between A and B is the principal entrance which is not kept open.

図 2-8
ケンブリッジ大学植物園の平面図

移転・拡大と、イギリス本国で急激に展開した植物園運動というべきものに、エリスおよび勧業協会の計画が触媒となって、植民地へとスピン・アウトしたものがセント・ヴィンセントの植物園だったのである。そして、ヤングが勧業協会に報告を行なった一七七二年は、イギリスの重商主義的な植物園政策に最も大きな影響をおよぼしたジョゼフ・バンクスが、キュー植物園の事実上の管理者となった年であった。

五 ジョゼフ・バンクスとキュー植物園

ジョゼフ・バンクスは、一七六八年から七一年にかけて行なわれたキャプテン・クックのエンデヴァー号による世界周航に同行した植物学者として知られている。一七七八年にロンドン王立協会の会長に就任して以来、約半世紀にわたってイギリスの科学者社会に独裁者のごとく君臨しただけでなく、国王ジョージ三世や、多くの政治家・官僚の個人的友人として、科学技術にかんする助言を行ない、政策の決定に関与して大きな影響力をおよぼした。一七七二年に国王の信任により、キュー植物園の管理を委託されたかれは、ここに世界最大の植物コレクションをつくりあげるべく、あらゆる努力を行なった。すでに一七七二年には、フランシス・マッソンを南アフリカに派遣して、植物の採集を行なわせている。マッソンは、その後も、大西洋のマデイラ、カナリー諸島、アゾレス諸島、西インド、北米大陸などに植物採集旅行を行ない、キュー植物園に植物を送りつづけた［図2-10］。キュー植物園からの植物採集者（プラント・コレクター）の派遣は、その後も、アラン・カニンガム（オーストラリア）、ウィリアム・カー（中国）、デヴィッド・ロックハート（コンゴ）と、継続して行なわれた。クックとともにかれが行なった、南太平洋、オーストラリア、ニュージーランドへの遠征は、その後の科学的探検航海のモデルとなった。クック自身によるその後二回の航海をはじめ、バンクスはそれらの航海に同行

図2-9
ベンジャミン・ウェストが描いた青年ジョゼフ・バンクス

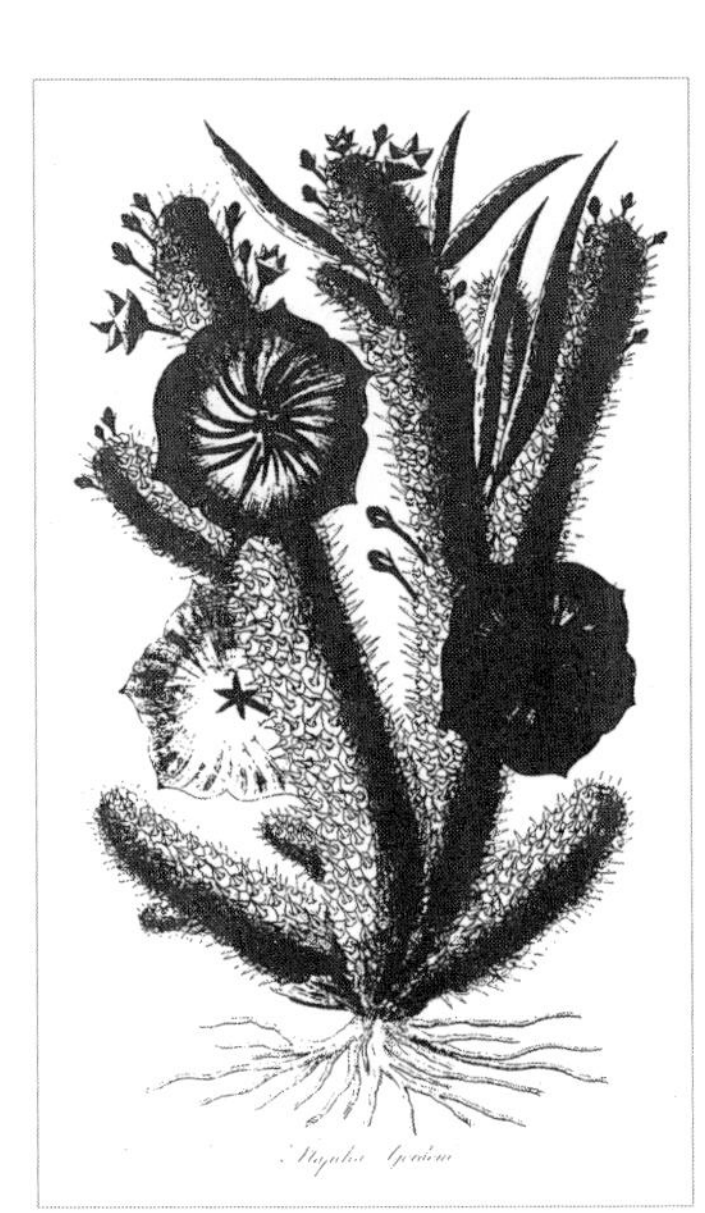

図 2-10
最初のキュー・コレクターであった
フランシス・マッソンが採集したスタペリア

する植物学者、採集者、記録画家の人選を行ない、かれらにあらかじめ指示を与えた。航海に使用された海軍軍艦は、植物の輸送のために特別に艤装され、しばしば、植物を潮風と寒気から守る目的でガラスに覆われた温室が備えられていた。バンクスはまた、植民地の総督、官吏、プランターや、海外の植物学者と密接な通信を行ない、植物の輸送、あるいは交換をもとめている。こうして、バンクスに宛てられてイギリスに船載されてきた植物は、すべてキュー植物園に移植され、一八一三年に五巻にまとめられた植物園の植物カタログには、一万一〇〇〇種をこえる植物が記載されることになる。

セント・ヴィンセント島は、アメリカの独立戦争のあおりを受けて、一七七八年にフランス軍の占領を受けたのち、一七八四年にイギリスに返還された。植物園は荒廃していたが、あらたに植物学者アリグザンダー・アンダーソンのもとに再建がはかられ、同時に王立植物園として陸軍省の管轄下に移行される。アンダーソンは、陸軍大臣に植物園の状況に関する年次報告を提出することが義務づけられるが、それより早くアンダーソンのもとには、ただちに植物園の植物リストを送付することを命じたバンクスの書簡が届いていた。「植物の数を増やすためには、植民地と母国からのあらゆる便宜を期待していただいてよい」という文言は、この植物園と園長が本当は誰の指揮下に置かれたかを示している。

六◆ジャマイカの植物園とパンノキの輸送

植民地植物園の第二のものは、西インドのジャマイカに開設された。一七七五年、ジャマイカ植民地議会は植民地政府の費用による植物園の設置を議決し、ただちに用地を買収した。誰の発意により、いかなる経緯で議決にいたったかは明らかではない。しかし背景にあったものは明らかである。黒人奴隷の労働力を用いた砂糖のプランテーション経営にきわめて大きな比重をかけていたジャマイカ植民地経済は、奴隷の食料を北米植民地に依存していたが、北米植民地の本国に対する離反により、きわめて切迫した状況をむかえていたからである。

一七七四年秋、北米の大陸会議は、この年の一二月以降、英領西インドの糖蜜、シロップ、コーヒー、ピメント、奴隷の輸入停止、羊の輸出禁止を議決し、また翌年の九月以降の、すべての商品の本国、アイルランド、西インドへの輸出停止を予告した。莫大な資本を投下して行なうプランテーションで、耕地を奴隷の食料栽培用に転換することは、プランター個人にとって自殺的な行為であることは自明であった。しかし食料の輸出停止措置が、ただちに奴隷の飢餓をまねくことは誰にも予測された。

危機に対処する唯一の方法があると考えられた。奴隷の労働力を削がず、土地の転換も要しない、願ってもない植物資源の存在が、南太平洋から報告されていたのである。それがパンノキである。クックはバンクスとともに、タヒチ島でパンノキを目撃していた。よく知られているように、クックのタヒチ情報は、文明を知らない人々が労働の苦役から解放され、原初の至福の状態に生きる楽園の神話として流布することになる。その象徴ともいうべきものが、タヒチのパンノキであった。バンクスはエンデヴァー号の航海日誌で「食物に関しては、この幸福な人々は、われわれの祖先がこうむった呪縛から、ほとんど免れているといってよい。〔……〕パンノキは、ただ木に登り、それをもいでくるだけで手に入る」と書いた。ジャマイカへの植物園の設置の背景にあったのは、この天のマナ、労せずして収穫にあずかれるパンノキの移植への、具体的な関心であった。

一七七五年三月、ロンドンの西インド商人協会は、パンノキのイギリスへの導入者に一〇〇ポンドの賞金を提供することを発表し、ドミニカ植民地のウェストミンスターにおける代理人として、西インド関係者の一人になっていたジョン・エリスは、同じ年に『パンノキの解説』と題するパンフレットを発行した。翌年には、勧業協会が、報奨金リストにパンノキを加えた。一七七七年には、パンノキの入手を目的とした遠征隊が派遣されるという噂がロンドンに流れたが、計画が実行に移されることはなかった。タヒチのパンノキは種子のない品種のものであったから、苗木の状態で輸送されねばならない。船は、寒冷な南米最南端を迂回するか、長い酷暑のインド洋を航海する必要があった。この困難な事業には周到な準備を欠くことができなかったが、すでにイギリスは北米植民地との交戦を開始しており、一七七八年にはフランス海軍の艦隊がカリブ海に登場して、イギリスの西インド植民地をおびやかしていた。奴隷の飢餓は杞憂ではなかったことが明らかになり、多くの奴隷が餓死し、多くのプランターが破産した。

ジャマイカの植物園は、一七七七年、エディンバラの植物園園長ジョン・ホープの推薦を受けたトマス・クラークが、アイランド・ボタニストに任命されて、その管理にあたった。クラークは、来島にさいして中国のレイシ、東インド産のサゴ椰子、アフリカ産のアーモンドなどの食用植物をジャマイカに導入した。翌年、クラークは奴隷船の船長から、奴隷たちの故郷西アフリカ産の植物アキーの挿し木用の小枝を入手した。いまだヨーロッパの植物学には紹介されていなかったこの木の実は、黒人奴隷の嗜好にあい、植物園からプランターたちに配布されたアキーは、ジャマイカに急速に普及した。

パンノキの西インド導入に執拗な執念をいだきつづけたのは、ジャマイカの主要港キングズポートの税関官吏であり、判事でもあったヒントン・イーストである。イーストは、すでに一七七〇年頃から外来植物を、エンフィールドの私邸の庭園に収集していた。一七八二年に、インド洋のフランス植民地モーリシャスの王立植物園から、エスパニオラ島のフランス植民地サン・ドマングに輸送される途中の植物を、交戦中のイギリス艦船が奪取したとき、それらの植物は、ジャマイカのバース植物園とともに、このイーストの私的な植物園に移植された。一七八六年には、イーストは自ら本国にわたり、バンクスのもとを訪れて、パンノキの導入の可能性について討議している。南太平洋の植物の権威であるだけでなく政府に対してもつよい影響力を有していたバンクスこそが、計画を実行に移しうる唯一の人物であることは明白であった。

機は熟していたといえよう。アメリカ独立戦争は終結し、短い平和が訪れていた。いっぽう独立したアメリカと植民地とのあいだには、航海法が適用されて直接の交易が禁止され、奴隷の食料問題は未解決のままであった。セント・ヴィンセントの植物園は、アンダーソンのもとに王立植物園として再建されており、ジャマイカには、バースの政府植物園とともに、イーストの私的植物園が存在した。一七八七年の一月には、東インド会社が領有する南大西洋のセント・ヘレナ島に植物園を設置することが決定された。航海中に弱った苗木を、いったんこの寄港地で移植して、回復をまつことも可能になった。

一七八七年一月、バンクスは首相ピットを説いて、パンノキ遠征隊の必要を承認させることに成功した。船長にはウィリアム・ブライが指名され、植物学者にはデヴィッド・ネルソンが選ばれた。海軍がその目的のために購入した戦艦は、苗木を植える樽を多く積み得るように改造された。バンクスはブライに詳しい指令書をあたえ、セント・ヘレナに寄港すること、最終目的地をセント・ヴィンセント、およびジャマイカにすることを命じた。ブライ船長のバウンティ号は、一七八七年一二月に出航した。この遠征は、バウンティ号がタヒチを離れた直後に起こった乗組員の反乱によって失敗に終わる。しかしブライは、一七九一年に再び同じ命令をあたえられ、この航海では合計七〇〇本のタヒチのパンノキをはじめ、ティモールの果実フトモモ、胡椒などを西インドにもたらすことに成功している。

七　拡大する植物園網

パンノキは植物園をつうじて、西インド植民地のプランターに配布され、植物園園長らは栽培を指導した。トバゴ島の総督ジョゼフ・ロブリは、積極的にそれを導入して、一八〇二年に勧業協会の金牌を与えられた。しかしパンノキは黒人奴隷によって拒否されたため、代替食物となることはついになかった。パンノキが西インドで食用になるのは、一八三三年に奴隷が解放され、アジア系の移民が労働力として用いられるようになって以降のことである。

植物園–植物移植の事業は、かならずしも多大な成果をあげたとはいえない。植物園をつうじて西インドに導入された植物は、この植民地の経済的地位の低下をふせぐ重要な経済植物とはなりえなかった。現地のプランターたちは一般に新種作物には無関心であり、アメリカ独立戦争や、一七九三年にはじまる対フランス戦争は、しばしば事業の遂行の障害となった。しかしなによりも、帝国内の自足という枠組みそのもの、重商主義的な枠組み自体がゆらぎはじめていた。北米植民地と熱帯植民地が本国へ奉仕する一つの経済システムに、一体となって組み込まれていた旧植民地体制が、アメリカの離反・独立によって解体したとき、応急の対応としてイギリス政府が計画したパンノキの移植は、破綻したシステムを熱帯領土のなかで、縮小して再生しようとしたにすぎない。インドにおける領土支配と本国の工業化を基軸とした新植民地体制への移行は、すでに開始されていた。工業化はヨーロッパの熱帯植物への依存を、旧来以上につよめたといえる。しかし新植民地体制のもとでは、最も重要な原綿の供給を、帝国外のアメリカにもとめたのである。

クック以降の科学的探検航海が、イギリスのアジア・太平洋地域への進出の起点として注目されてきたにもかかわらず、それと一体の計画をなしていた西インドにおける植物園の活動は、閑却されつづけてきた。しかし、西インドの植物園とパンノキの導入の事業は、熱帯アジアの植物資源を大西洋の帝国領土に移植するというグランド・デザインにもとづいた、重商主義時代の植物政策を象徴するエピソードとしての意味以上のものをもつだろう。一九世紀の後半に、キュー植物園を中継して、南アメリカからインド、海峡植民地へと行なわれたキナノキ、あるいはゴムなどの移植は、まさにこのグランド・デザインを反転させた再版であったと考えられるからである。イギリスの帝国主義に、キニーネ、ゴムのはたした戦略的役割については多言を要しない。

キュー植物園は一八四一年に、王室から政府の森林局の管轄に移管された。この国立植物園は、帝国の科学政策の立案機関としてはぼフリー・ハンドに近い権限を与えられ、帝国領土内の植物園からの情報を収集し、指示するネットワークの中枢として機能した。キュー植物園の国立化のきっかけとなったのは、一八三八年にリンドリ委員会が、植民地・属領に存在する植物園について、「なんらの統一された目的もなく、目標はさだまらず、適切な指示を受け取ることがないので、力は無になっている」と批判した報告書であった。しかし、一八〇〇年の時点では、たしかに本国と植民地の植物園とはネットワークを有し、キュー植物園とバンクスがその司令部として存在したのである。

すでに言及した西インドの二つの植物園とセント・ヘレナの植物園以外、ジャマイカでは一七九三年に、ヒントン・イーストの庭園がジャマイカ政府によって買い上げられ、園長にはブライの南海遠征に同行してジャマイカにとどまり、バースの種苗園で、パンノキの栽培にあたっていたキュー植物園出身のジェイムズ・ワイルズが就任した。インドで

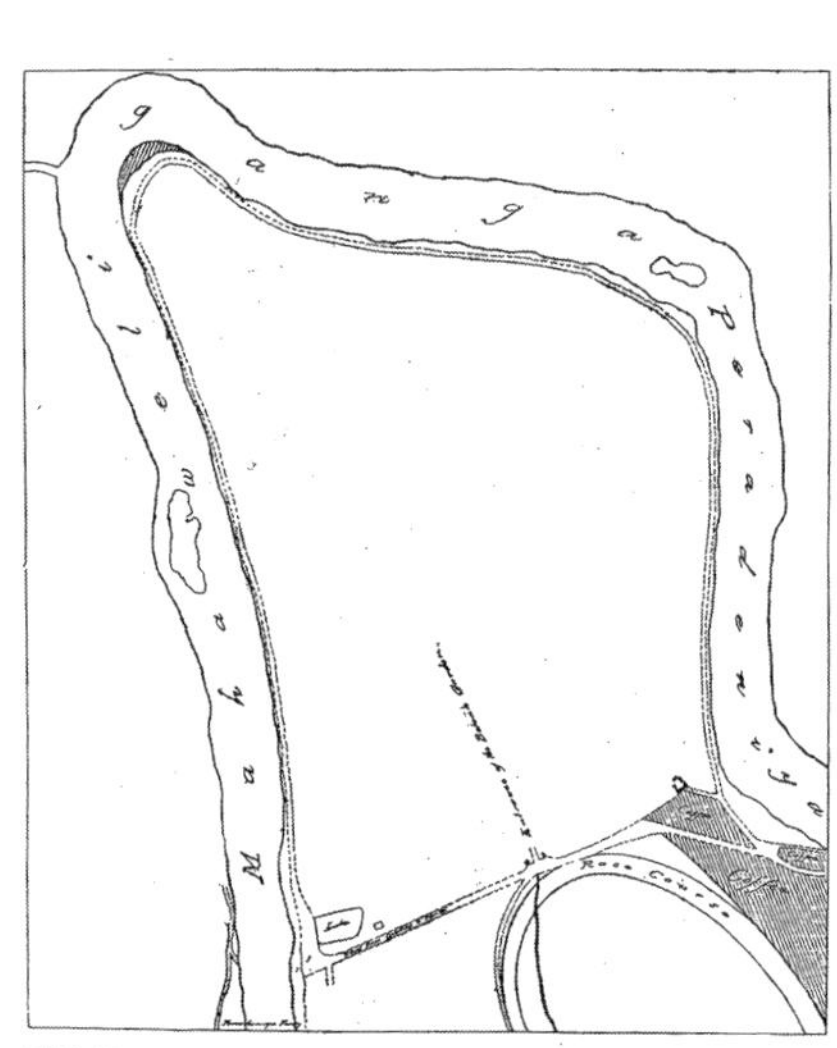

図 2-11
セイロン島ペラデニアの王立植物園の平面図。
コーヒー園が付設されている

は、たびたびの飢饉におそわれていたベンガル地方で、東インド会社の軍将校トマス・キッドが、救荒植物としてサゴ椰子を導入、配布することを目的に植物園を設置することを東インド会社にもとめ、一七八六年にカルカッタに植物園が置かれた。ロンドンの東インド会社取締役会議は、植物園からの報告を逐次バンクスのもとに届けた。東インド会社は、さらに一七八九年にはマドラスにコチニール・サボテンの導入を目的とした植物園を、一七九一年にはボンベイにサトウキビ、煙草、インディゴ、コーヒーなどの栽培実験施設として植物園を設け、一八〇〇年頃にはマレーのペナンにも植物園を置いている。

一九世紀に入っても、一八一〇年にイギリスはインド洋のモーリシャス島を獲得して、フランスがイギリスと同じように植物移植事業の拠点としていたモン・プレジル植物園を接収し、一八一二年にはオランダから得たセイロンに植物園を置く［図2-11］。一八一六年にはオーストラリアのシドニーに、一八一八年にはタスマニアにと、拡大する帝国領土の縁辺を示すように、植物園網は広げられた。各地の植物園は、植物の収集・導入、栽培実験、気候順化の活動をつづけ、植民地行政に協力した。植物学は「帝国の科学」でありつづけたのである。失われたのは、ただバンクスに体現されていた、重商主義時代の植物移植のグランド・デザインであったにすぎない。

一八二〇年にバンクスが没すると、キューはネットワークの中心としての機能を失う。植物園のネットワークはまたバンクスの個人的ネットワークでもあったからである。だが、バンクスの存在を過大に評価するのは避けねばならない。一八世紀中に誕生した植民地植物園は、すでに見たように、それぞれに固有の事情と、独自の発意のもとに置かれたものである。勧業協会は植物園にたいする関心を持続し、一七九三年以降、バハマへの植物園の設置に報奨金を提供しつづけている。勧業協会が組織したような、イギリスの商人、地主、さらに植民地に赴任した総督、行政官、医師らに広く共有された植物そのものへの関心、植物移植の必要への同意があらかじめ存在して、バンクスとキュー植物園という司令部を得るにいたったということであったのだろう。

イギリス一八世紀の科学・技術の一般についていえるように、植物をめぐる科学・技術においても顕著なのはアマチュアの関与である。多くの植物学者が、たとえばロンドンの商人であったエリスのように、七年戦争終結時に首相であったビュート伯のように、そして国王ジョージ三世のように、他に職業をもつアマチュアであったというだけではない。政治にかんしてアマチュアであるバンクスが、事実上、科学政策の立案者であったということでもある。他方で、植物の移植と植物園の設置は、採集者、植物画家、園丁、植物園管理者といった植物の技術者を誕生させた。はば広い階層のアマチュアと、植物の職業的技術者との協力で、明確な政策の不在にもかかわらず、植物政策は実行された。それはちょうど、植物園が、植物の実験・教育の機関であるとともに、目を楽しませ、心を和ませる庭園でもあるのと対応していたのである。

参考文献

A. W. Crosby, *The Columbian Exchange*, 1972.
Herbert G. Baker, *Plants and Civilization*, 1965. 阪本寧男+福田一郎訳『植物と文明』一九七五年。
W. H. G. Armytage, *The Rise of the Technocrats : A Social History*, 1965. 赤木昭夫訳『テクノクラートの勃興』一九七二年。
George Young, Doctor Young's Letter on the Botanical Garden established in the Island of Saint Vincent(1772), Robert Dossie, *Memoirs of Agriculture*, Vol.3, 1782.
Alexander Anderson, *Alexander Anderson's Account of the Botanic Garden of St.Vincent*, Edited and

transcribed by Richard A. & Elizabeth S. Howard, 1983.

Lansdown Guilding, *An Account of the Botanical Garden in the Island of St. Vincent*, 1825.

Dulice Powell, The Botanic Garden, Liguanea, *Bulletin of the Institute of Jamaica*, *Science Series*, No. 15, Part 1, 1972.

John Ellis, *Directions for Bringing Over Seeds & Plants from the East Indies & Other Distant Countries, in a State of Vegetation, Together with a Catalogue of Such Foreign Plants as are worthy of being encouraged in our American Colonies, for the Purpose of Medicine, Agriculture, and Commerce*, 1770.

Ditto, *Some Additional Observations on the Method of Preserving Seeds from Foreign Parts, For the Benefit of Our American Colonies, With an Account of the Garden at St. Vincent, under the Care of Dr. George Young*, 1773.

Ditto, *Description of the Mangostan and the Bread-fruit, the first, esteemed one of the most delicious ; the other the most useful of all the Fruits in the East Indies*, 1775.

J. E. Smith, *A Selection of correspondence of Linnaeus, and other naturalists*, Vol. 1, 1821.

Bonnie S. Stadleman, Flora and Fauna versus Mice and Mold, *William and Mary Quarterly*, Ser. 3, Vol. 28, 1971.

Henry T. Wood, *A History of the Royal Society of Arts*, 1912.

Premiums Offered by the Society Established at London for the Encouragement of Arts, Manufactures and Commerce, 1758-1782.

Transactions of the Society Established at London for the Encouragement of Arts, Manufactures and Commerce, 1783-.

Ronald King, *Royal Kew*, 1985.

H. B. Carter, *Sir Joseph Banks 1743-1820*, 1988.

Warren R. Dawson ed., *The Banks Letters : A Calendar of the manuscript correspondence of Sir Joseph Banks*, 1958.

R. T. Gunther, *Early British Botanists and Their Gardens*, 1922.

Harold R. Fletcher & William H.Brown, *The Royal Botanic Garden Edinburgh, 1670-1970*, 1970.

David Mackay, *In the Wake of Cook : Exploration, Science & Empire, 1780-1801*, 1985.

Lowell Joseph Ragatz, *The Fall of the Planters Class in the British Caribbean 1763-1833*, 1928.

Richard B. Sheridan, The crisis of slave subsistance in the British West Indies during and after the American Revolution, *William and Mary Quarterly*, Ser. 3, Vol. 33, 1976.

Lucile H. Brockway, *Science and Colonial Expansion : The Role of the British Botanic Gardens*, 1979.

第三章

カリブ海の植物園

一 空から降ってくる種子

第二次大戦の末期、空襲で多くの都市が灰燼に帰したとき、焼野にやがて野草がめぶき、いきおいよく成長を開始した。たけ高く育ったその中に、それまで日本では目にすることができなかった変わった植物が混じっていた。調べてみるとそれは、北米大陸産の植物で、なぜその年、いっせいに日本の各地で繁茂したのかは謎であった。焼夷弾とともに種子が空から降ってきたと考えるしか説明のしようがないのだそうである。偶然どこかで目にした記事で、メモを取ることをしなかったから、それが何という植物であったか記憶していないし、そもそも焼夷弾が種子を連れてくるなどということが、はたしてありうることなのかも、私にはわからない。だが植物が思いもかけぬかたちで、遠い距離を移動し、新しい土地に定着することは珍しいことではない。

よく知られているのはシロツメクサ。このヨーロッパの牧草は、乾燥したものが、オランダから日本に輸送された壊れ物を梱包するさいの詰め物として利用された。その中に混じった種子が、いつか日本の土地で根をおろしたのである。その他多くの野生の渡来植物も、いずれ種子が何かの荷に偶然まぎれこみ、いつしか日本で繁殖するにいたったのだろう。そうしてこの国の植物相をわずかばかり変えた。

同じようなことはおそらくいつどこでも起きている。北米大陸の小麦の畑に生える、アザミ科の雑草は、スコットランドからの植民者が、寝具の詰め物としてもちこんだということが知られている。西インド諸島で家畜の飼料として栽培されたギニア・グラスは、一七四〇年頃、アフリカからジャマイカに贈り物として送られてきた小鳥に、餌としてその種子が添えられていたものである。餌を食べつくす前に小鳥は死に、種子は地面に撒きすてられた。こうしてジャマイカの地に定着したこの草を家畜が好んで食むのを目撃して、西インドのプランターは、これが有益な経済植物であることを知った。ギニア・グラスは岩がちの土地にもよく生育し、放棄されていた土地の経済性を高めた。

植物は移動する意志をもつかのようである。多くの植物は風により、あるいは自由に移動する動物に依存し、または植物の器官そのものがもつ弾きとばす力をもって、できるかぎり種子を遠くに送るしくみを有している。果実が甘いのも、言ってしまえば食べられることで運ばれるための、目的にあった性質であるということになるのだろう。

私はもう五年ほど前から、マンションの三階の自室のベランダに、いくつも鉢をならべている。ベランダ園芸というわけではなく、苔や雑草を罠にかけてつかまえようとたくらんでいるのである。水さえ欠かさなければ、驚くほど多くの種類の雑草を採集することができる。これはとてもおもしろいし、ベンケイソウの類が星形の小さな黄色い花をいっぱいにつけると、鑑賞にもりっぱに耐える。いったいどれだけの目にとまらない種子が、空中を浮遊しているのだろうかと思う。植物が大地に束縛された不自由な生だと考えるのは、心やさしすぎる誤解だ。植物学の素人の妄言が許されるならば、植物の種子・胞子というものは、その中に含まれる生殖質が旅行をするための乗り物としてあるのだろう。塩水に対する耐性をもって、海上を漂流する瓢箪や椰子の実などは、まさにそうしたイメージである。

とはいえ、海を渡り、遠い距離を隔てた地球規模の植物の移動のほとんどは、意図すると偶然とを問わず、人と物の動きに付随して起きてきた。南米アンデス高地を原産地とするジャガイモは、おそらく最も長い距離を移動して日本に渡来した植物の一つである。アフリカのサバンナ地帯原産のゴマは、インドを経てすでに紀元前三〇〇〇年には中国で栽培されており、日本にも縄文時代の末には渡来していた。

こうした栽培される植物、いいかえれば人にとって有用な植物が、人の手で運ばれたことはいうまでもない。ド・カンドル（『栽培植物の起源』一八八三）以来の研究は、栽培植物のほとんどが、地球上のいくつかの地域（起源中心地）を原産地とし、そこから他の地域へと広がっていったものであることを明らかにしてきた。植物の栽培種は、起源中心地に多くみられる野生種の中から選択され、場所を移しかえながら育種・改良がくわえられてきたものである。すべての栽培植物は移植された植物であるということができる。

二　コロンブスの交換

一つの文化が他の文化と交渉をもつとき、かならずなんらかのかたちで植物の交換がなされてきた。それはいかなる時代にもあったことではあるけれども、おそらくそれが最も大規模に、その後の世界全体の歴史に大きな影響を与えることになったのは、ヨーロッパ人による新大陸のいわゆる「発見」以後に、新旧世界相互に行なわれた植物移植である。「新大陸からの贈り物」については比較的よく知られている。ジャガイモはすでに一七世紀にはアイルランドで主食作物として栽培が開始され、一八世紀には北ヨーロッパに広がった。トウモロコシは地中海沿岸に導入され、やはり一八世紀には東欧で小麦との輪作が行なわれるようになった。この栄養価が高く栽培の容易な二つの作物は、ヨーロッパ人にとっての主食あるいは主食の代用となり、一七世紀以降にはじまるヨーロッパの人口の増大をもたらし、工業化の条件を準備することになった。タバコは新大陸から導入された最初の重要な商品作物である。ジャガイモと同じくアンデス原産のトマトは、その鮮やかな色彩から、はじめ観賞用に栽培された。おそらくそれを最初に食用にしたのはイタリア人で、一八世紀の中ごろには他の国々でも食用として栽培を開始した。

新大陸の植物の影響を受けたのはヨーロッパだけではなかった。トウモロコシは一六世紀の半ばには中国にまで到達する。スペイン人はフィリピン諸島に、ポルトガル人はインド、中国にサツマイモをもたらした。熱帯アメリカのカッサヴァは、おそらくアフリカ西海岸から奴隷を輸送した人々の手でアフリカにもたらされ、最も重要な主食作物となる。「ペルーの樹皮」と呼ばれたキナノキは、一七世紀のはじめ、リマのイエズス会宣教師によってその薬効が紹介されていたが、一八二〇年にはじめてキニーネの抽出が行なわれ、マラリアの特効薬であることが証明された。インド、ジャワにプランテーション作物として移植されたキナノキから製造されるキニーネは、帝国主義時代のヨーロッパ列強によるインド、東南アジアの植民地支配、アフリカの分割に最も戦略的な役割をはたす物産となった。

いっぽう旧世界から新世界へは、植民者の手で小麦、牧草が運ばれて、牧畜と穀物栽培というヨーロッパ式の混合農業それ自体が移転される。熱帯アメリカには米、藍、サトウキビ、コーヒーといった熱帯アジア産の作物が導入され、奴隷労働力を用いたプランテーション経営がヨーロッパ人の手で開始された。カリブ海の島々のゆたかな熱帯果樹のうち、パイナップル、パパイヤ、グアヴァは原生したもの、バナナ、マンゴー、すべての柑橘類は移植されたものである。

　新旧両世界間の植物移植を行なった名前のわかる最初の人物は、コロンブスその人である。かれは最初の航海でトウモロコシをもちかえり、第二回航海では、小麦、オリーブ、サトウキビなどを輸送してエスパニオラ島で移植をはかった。コロンブスが積みこんだサトウキビは大西洋のスペイン植民地カナリア諸島で栽培されていたものである。カナリア諸島をはじめ、ポルトガル領のマデイラ島、サン・トーメ島ではすでに一五世紀にサトウキビの単一栽培が行なわれ、ここでは破砕、搾汁、煮沸、砂糖と糖蜜の分離、ラム酒製造の技術と、奴隷労働を用いたプランテーション経営の手法が確立していた。

　サトウキビのプランテーションそのものは、一四世紀にヴェネツィア人によって、クレタ、キプロスなどの地中海の島で、さらにそれより古く東地中海で十字軍兵士の手によっても行なわれている。この土地へはおそらくインドからアラビア商人によってもちこまれた。東地中海のイスラム征服者は、アジアからほかにも米、綿、茄子、柑橘類、料理用バナナをも導入している。だから当初、イベリア半島の両国によって行なわれた新世界への植物移植は、アラビア商人の活動にはじまる植物の西への移動運動をになう、最後のアンカー・ランナーとしての仕事であったことになる。

　新世界からヨーロッパにもたらされた食用植物にかんしていえば、さきに見た例にも知られるように、ただちにヨーロッパでうけいれられ、ヨーロッパ人の食事を一変させたわけではない。むしろ保守的な食の慣習にあって忌避されたといってもよい。それでもジャガイモやトウモロコシが定着したのは、ようやく生存を維持するにすぎなかった最も貧しい人々の主食となったからであり、そのために『コロンブスの交換』(一九七二)を著したA・W・クロスビーは、この「交換」の人口への影響を最も強意するのである。しかし、ヨーロッパにおける食事革命が開始されるのはようやく一八世紀にすぎず、コロンブスからはすでに二〇〇年が経過していた。

三 ジョン・エリスの計画

ジャガイモにまつわる航海者ウォルター・ローリの伝説はまゆつばであるが、ローリの意向をうけてヴァージニア入植事業に同行したトマス・ハリオットが「海賊」ドレイクに譲られてもち帰り、アイルランドの地に播種したのが最初か、あるいは植物学者ジョン・ジェラードがロンドンの庭園で栽培したのが早いか、いずれにせよ、すでに西インドでそれを知っていたスペイン人からイギリス人が入手してヨーロッパに伝えたものであることは間違いない。スペイン人はジャガイモを掠め取られたことを、すくなくともその時点ですこしも惜しむことはなかっただろう。スペインが新大陸植民地で発見し独占した金銀の輝きの前では、それは見た目どおり泥の塊のようなものにすぎなかった。

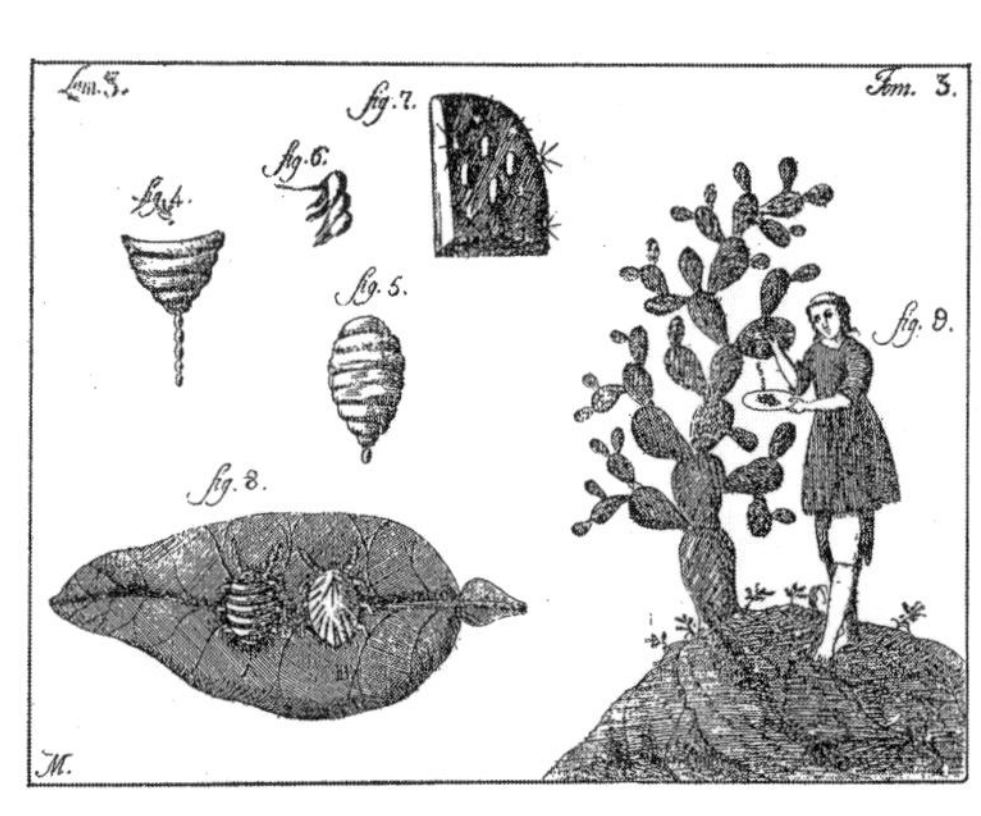

図 3-1
メキシコでのコチニールカイガラムシの採集
（*La Grana Cochinilla*, 1963 より）

そのかれらが、新大陸で発見し、情報を厳しく管理して秘匿したものがある。それがコチニールである。鮮やかな赤色染料・顔料カーマインの原料となるコチニールは、正確にいえば植物ではない。ある種のサボテンに寄生する昆虫、臙脂虫（コチニールカイガラムシ）からそれは得られる〔図3－1〕。一六世紀前半、スペインはコルテスの指導のもとにこの昆虫染料の組織的収集を開始し、その生産を独占した。一六世紀末にいたってホセ・デ・アコスタが『新大陸自然文化史』でその正体を明らかにしたが、一八世紀後半にその昆虫がはじめてメキシコから生きたまま「密輸出」されるまで、ヨーロッパではそれが植物染料であることを疑わぬ者が多かったのである。

一七八九年、インドのマドラスに、一つの植物園が開設された。イギリス東インド会社が経営するこの植物園は、翌年にはインド固有種にくわえて約八〇〇種の外来植物を

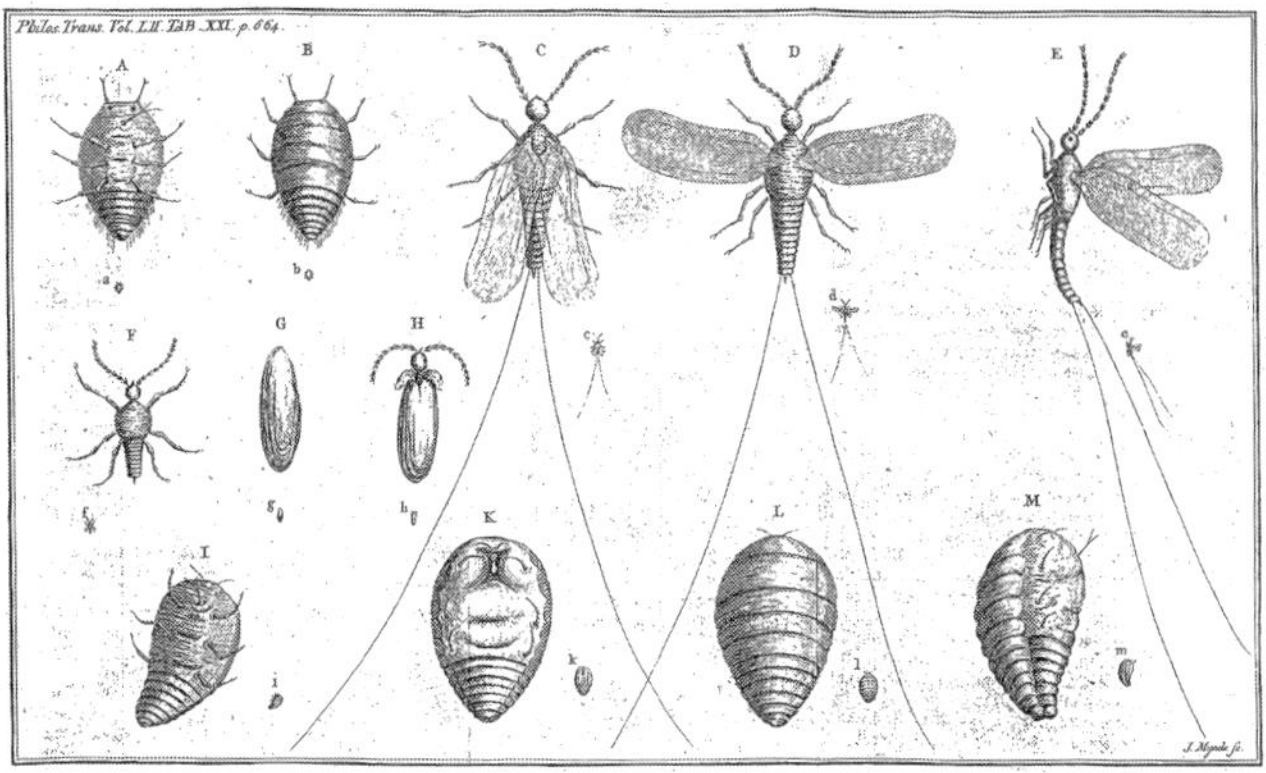

図 3-2
ジョン・エリスが観察したコチニールカイガラムシの雌雄
(『王立協会フィロソフィカル・トランザクションズ』52 巻より)

誇ることになるが、その中心となったのは、コチニール生産のために、東は広東、西はメキシコから集められたサボテンで、「仙人掌園(ノウパルリ)」と名づけられた。それより早くロンドン在住の商人ジョン・エリスは、北米植民地サウス・カロライナから送られてきたコチニール昆虫を観察し、それを『ジェントルマンズ・マガジン』(一七六三)に紹介している。この人物こそ、植民地植物園というものを構想し、それを拠点にした大がかりな植物の移植の必要を説いた最初のイギリス人であった。

ロンドンの亜麻商人であったエリスは、海生動物とりわけ植虫類の研究者として知られており、一七五五年には珊瑚が動物であることを明らかにする『珊瑚の博物誌』を出版し、分類学者カール・リンネを驚愕させた。その同じ年、かれはサウス・カロライナの医師アリグザンダー・ガーデンと通信を開始している。ガーデンはスコットランドの出身でエディンバラ大学で医学を修め、植民地に移住してチャールズ・タウンで開業した。植物学への関心はエディンバラ時代にめばえており、カロライナ到着後もただちに薬用植物を採集してエディンバラへ送ってもいるが、この土地ではじめてリンネの著作に触れ、また北部植民地への旅行をとおして、職業的植物採集者ジョン・バートラムらとの交友を得て、本格的な植物採集を開始していた。

かれはベンジャミン・フランクリンを中心とする植民地アメリカの知識人ネットワークの一端にあり、さらにスウェーデンのリンネをはじめとするヨーロッパの植物学者たちと通信して、採集した動・植物を無償で送った。一時もてはやされた、幼生体型を生涯維持する両棲類(ウーパールーパー)(アホロートル)の存在を発見したのがこの人で、そのためにエリスと同じくかれも動物学史に名を残している。だがほんとうの関心は植物にありつづけた。

ついに実現することのなかった植物園の計画が、エリスとガーデンの間に交わされる。はじめての言及は「実験のための」植物園が考えられないか、と問いあわせた一七五八年五月のエリス書簡におけるものである。同じ年の九月、エリスは再び、構想をさらに明らかにしながら、その実現の可能性についてガーデンに照会している。それは「総督と植民地議会の管理する公立植物園」で、「われわれが「いまは」外国人の手から入手しているもので、貴地の気候に適合するものを栽培する」ことを目的とするものであった。ガーデンはサウス・カロイナから「植民地の植物園は、間違いなく植民地にとってきわめて有意義なもので、いずれイギリス本国にとっても有益なものとなるだろう」と返信をした。

その後も二人の間で書簡の交換のたびに植物園の計画が語られたが、一七六一年のガーデンの「われわれの情けない議会は、植民地植物園について考えようとしない」という通信を最後に、実現可能なものとしてとりあげられることはなかった。このつかのまの計画は、それ自体としてはエピソードというにも足りない。しかし植物の生育状態の収集、種苗の海外移送、栽培植物の移植とそれらの活動の拠点となる植物園をめぐる一八世紀イギリスのさまざまな事象はいずれもなんらかのかたちで、この二人と二人の計画にかかわっている。

エリスの熱意に較べて、ガーデンの側につねにためらいが見られるのは、かれが植民地の現実を熟知しており、とりわけプランテーション経営者の気質にかんして苦い経験を有していたからである。ガーデンは一七五四年にロンドンで発足した「工芸・製造業・商業の奨励のための協会(勧業協会)」のはじめての在外会員であった。勧業協会は一八世紀のイギリスに数多く見られた、コーヒー・ハウスでの会合から発展したヴォランタリーな協会の一つであるが、新しい技術の開発に報奨金を提供する一貫した方針で、産業革命期の技術革新によせられた社会的関心を代表した。同時に、協会はその初期から「植民・貿易

いる。

委員会」を設けて、帝国への物産の導入、開発、発見へもなみなみならない関心をよせて

一七五五年、協会書記のウィリアム・シプリーの質問に答えてガーデンは、カロライナで有望な植物資源として、葡萄(ぶどう)、ゴマ、綿、桑、絹、コチニール、麻・亜麻、アルカリ灰を挙げたうえで、しかしながら植民地人が実験的な栽培をおそれ、「徐々にではあるが確実な致富の道」である米のプランテーションに執着し、ただようやくインディゴの栽培に人気が集まってきたことを書き添えている。一七五五年に協会の要請で、「さまざまな植物について実験し、その成果を交換する」ための植民地の協会を計画したときにも、新聞に広告を行ない、その方法をプランターたちに指示したにもかかわらず、一年待ってもただの一つの実験もなされず、なんらの反応もなかったのである。このときにもガーデンは、プランターは高価な奴隷に投資した資本を早急に回収することを可能にする作物のほかに関心はなく、その意味でインディゴと競争しうる作物を見いだすことは困難であると、やはり協会の会員であったエリスに書き送っている。

インディゴもまた新大陸に導入された植物であった。インド産のこの植物から取れる青色染料は、一七世紀にヨーロッパ各国の東インド会社によって輸入が開始されるや、赤色染料としてコチニールが茜を圧倒したように、古くからある大青に代わって人気を博するようになった。一八世紀にはフランスが西インド諸島に導入し、アンティグアで栽培を行

なった。サウス・カロライナにはここから密かにもちだされ、このことをきっかけにフランスはインディゴの種子の輸出を重罪とする立法を行なった。すでにインディゴに満足していたサウス・カロライナは、あらたな植物資源にも、そのための植物園にも食指を動かさなかったのである。

エリスはアメリカの植物園に報奨金を提供することを、勧業協会の植民・貿易委員会にはたらきかけた。協会が年次に発行して配布していた「報奨金リスト」には、一七六〇年から六五年にかけて、「北米植民地に、王国にも当該植民地にも自生しない、珍しく有用な植物の栽培実験を行なうための、庭園ないしは種苗園」を設置した植民地議会、自治体、個人に報奨金を提供することが広告されている。

四 総督の植物園

思いがけず別の方向から名乗りがあがる。一七六三年、七年戦争を終決させたパリ条約によって、イギリスは西インド諸島にあらたな植民地を得た。カリブ海の東、それを大西洋から隔てるように南北に連なるウィンドワード諸島のうち、ドミニカ、セント・ヴィンセント、グレナダ、トバゴの島々である。グレナダに政庁が置かれ、ロバート・メルヴィルが総督に任命された。メルヴィルは勧業協会の会員であり、植物と園芸にも関心を有していた。一七六五年の夏、メルヴィルは各島を巡回し、セント・ヴィンセント島で駐屯部隊づきの外科医ジョージ・ヤングに出会った。総督はヤングが薬草コロシントを栽培しているのを見て、かれに植物園の建設をもちかける。

セント・ヴィンセントは面積およそ三三〇平方キロ、日本でいえば屋久島にもおよばない小さな火山島である（ちなみに、一七七一年には単独政庁が設置され、植民地議会ももったこの大英帝国のれっきとしたかつての植民地に、私が訪れたロンドンの国立公文書館の係員は心当たりがなさそうであった）。「首都」は西南海岸に面したキングストン。その北郊の南にむいて開けた渓谷地に、総督の費用で、はじめ六エーカーの森林が開墾され、垣根の代わりに熱帯アメリカ産の染料木ログウッドが植えこまれた。傾斜地の上にはヤングのための宿舎も建設され、そこからは眼下にカリブの海と南方に連なる島々を見はるかすことができた。

この総督の植物園が公の施設であったかどうかは微妙なところである。植物園を管理するヤングには、総督から黒人労働者があたえられた。しかしかれの身分は植物園に隣接した駐屯地づきの外科医のままで、医師としての俸給を得ていた。植物の収集と維持のための費用には、不要な植物を売却した代価をあてることが許された。総督は自らの費用で、植物採集者をスペイン領の中米大陸本土に派遣してもいる。植民地総督というものの、公私の権限のあいまいなあわいに立脚した施設であったといったらいいだろうか。しかし、いかに庭園めいて見えようとも、その目的が「北部植民地（すなわちアメリカ）に産せず、そのために王国が外国人にたいして多額の失費を強いられている、食料、医薬、商品作物を英領西インド諸島に導入する」ことにあったことは確かである。

イギリスのはじめての植民地植物園が熱帯アメリカに置かれたこと、それにはむしろ帝国そのものの意志がはたらいていたといったほうがよい。はじめてポルトガルが香料をもとめて熱帯アジアへの直接交易路を開いたとき、ガルシア・ダ・オルタはポルトガルのためにゴアに植物園を開き、『インドの薬草薬物についての対話』(一五六三)を著した。オランダのナッサウ伯マウリッツが一六三一年ブラジルにたどりついたとき、かれは四六人の科学者を同行し、かれらが築いたサン・アントニオに植物園を設ける。ヨーロッパ人は熱帯のゆたかな植物相に圧倒されただけでなく、それが身体の病に特効のある薬品と、望んでえられなかった美しい色彩を発色する染料の原料となる植物資源の宝庫であることを、ただちに確信したのである。

後発の帝国であったイギリスは、一七世紀には北米東岸の植民地を得たが、南米大陸に広大な植民地を領有したスペイン、ポルトガルや、東南アジアの香料貿易をほぼ独占するにいたったオランダと異なり、熱帯にはわずかにカリブ海のジャマイカ、バルバドスなどの島を有するにすぎなかった。だがこの英領西インドこそが、砂糖プランテーションをつうじて一八世紀のイギリスにはかりしれない富をもたらしていたのである。アフリカ西岸から西インドへ奴隷を輸送する奴隷貿易、北米植民地と西インド間のラム酒・糖蜜と食料の交易、本国へ輸入され精製された砂糖の再輸出、これらをイギリスの海運業が独占して、この貿易網のうえにイギリス経済が立脚した。西インドはまさに重商主義帝国の中軸に位置していたのである。

ここに熱帯植物を移植し集中することは、帝国を世界に拡大する代わりに、世界を帝国のうちに収めることを意味した。一七七二年、ヤングは植物園の現況を勧業協会に宛てて報告し、すでにシナモン、ログウッド、サフラワ（染料）、欝金、マンゴー、スカモニー、コロシント、大黄［図3-3］、トバゴ島のナツメグ、竹、センナ、アロエ、コリアンダー、アニス、ヴァニラ、桑、コチニール・サボテン、コパイバ（樹脂）、ゴマ、肉桂、棗、アーナト（染料）、癒瘡木、チャイナ・ルート、ガルバナム（樹脂）、巴豆を入手したと誇っている。さらに重要なのは、今後入手したいとして列挙している植物の目録である。各種の肉桂、シナモン、クローヴ、胡椒、アジア産のナツメグといった香辛料、以下はすべて薬用ないしは染料植物である、ガム・アンモニク、アギ、ベンゾイン（安息香）、ガンボージ（雄黄）、カルダモン、コクルス・インディクス、ドラゴンズ・ブラッド、ガム・アラビク、ミルラ（没薬）、オポナクス（樹脂）、オポバルサム（樹脂）、ガム・トラガント、ガジュツ（白欝金）。一息に読めばまるで呪文だが、（樹脂）と付したものは、正確にいえば植物名ではなく、その名で交易されている芳香樹脂を産する植物のこと、ガムとあるのもその樹液を採る植物の意である。いずれも東方の物産で、植物リストであるものがそのま

図 3-3　ジョン・パーキンソンの園芸書『太陽の帝国、地の楽園』に収録された大黄（ルバーブ）

ま薬種商の商品台帳として通用しそうだ。たとえばコクルス・インディクス。インドのマラバール海岸やセイロン島に生育する蔓植物であるが、その実に毒がある。現地では川に投じて魚を気絶させるのに用いられ、イギリスではビールに混ぜて酔いを早めるのに使用された。こんなものまでが植物への欲望の対象になっていたのである。

五・バウンティ号の反乱

一七七〇年にジョン・エリスは『東インドおよびその他の遠方の諸国から生育した状態で種子と苗木をもちきたるための指針』と題したパンフレットを出版した。おもに東方に航海する船長や船医に対して宛てた植物輸送のためのマニュアルであるが、一七五〇年代の末、植物園の構想をサウス・カロライナのガーデンと交換していた頃、二人の間でくりかえし行なっていた実験の成果であった。末尾に「わがアメリカ植民地で奨励されるべき外国植物のカタログ」を一二ページにわたって付し、八〇種の植物名を挙げている。大半を薬用植物、染料植物、樹脂植物が占めるこのカタログは、ヤングのリストに重なるところが多い。亜麻商人であったエリスの個人的関心が反映しているかも知れない。

しかしイギリスの一八世紀が、繊維工業を基軸に新しい工業国家へ変貌しつつあったこと、しかも比較的染色の容易な羊毛製品から、色の定着しにくい綿製品へと比重が移行していたこと、テキスタイル製品にたいする消費の性向が、ますます流行をおって変化していたことを考えれば、染料や染色工程に用いられる樹脂の重要性を理解するのは難しいことではない。コチニールはいまだスペインが独占し、ベラ・クルスから輸出されるものだけが、世界の供給をまかなっていたのである。重要な植物染料のうち、イギリスが本国で生産していたのは黄色染料の木犀草のみ。大青とサフランも栽培されてはいたがすでに時代遅れとされていた。イギリスはアムステルダムとカディス、セビリャに死命を制せられていたのである。七年戦争の終結によってヨーロッパ各国の繊維産業が復興した一七六〇年代、供給の不安はピークに達していた。かの勧業協会が設立された最初の動機は、イギリス国内での茜とコバルト染料の自給を確保することにあった。一七六〇年代に、最初の植民地植物園がカリブに開かれ、導入すべき植物にかんして勧業協会が指示を与え、また植物園の情報を関心ある人々に伝達する司令部となったのは偶然ではない。

一七七九年、アメリカ独立戦争のあおりで、セント・ヴィンセント島はフランス軍の占領を受ける。八四年にイギリスに返還されたとき、植物園は放置されたまま荒廃しており、なおそれらしい状態を保っているのはわずか二エーカーほどでしかなかった。翌年、戦争中セント・ルシア島の病院でヤングの助手をつとめていたアリグザンダー・アンダーソンが、植物園園長に任命される。任命は陸軍大臣の名で、総督をつうじて行なわれたが、それが国王の意向であることが明言された。国王と陸軍大臣の背後にあって、おそらく実際に決定を行なったのは、二人の親密な友人であったジョゼフ・バンクスである。バンクスについては多言をまたない。クックの世界航海の同行者。国王ジョージ三世への最も有力な助言者。次の世紀にまたがっておよそ半世紀もイギリスの科学者社会に君臨した独裁者。そしてロンドン郊外リッチモンドにあった国王の植物園キュー庭園の事実上の管理者であった人物である。

セント・ヴィンセントの植物園は以後王立植物園として陸軍省の管轄下に入り、国費で運営されることになる。アンダーソンには毎年、陸軍大臣に宛てて報告を提出することが義務づけられる。しかしそれより早く、アンダーソンのもとにはただちに植物園の植物リストを送付することを命じたバンクスの手紙が届いていた。「植物の数を増やすためには、植民地と母国からのあらゆる便宜を期待していただいてよい」という文言は、この植物園と園長がほんとうは誰の指揮下に置かれたかを示している。

バンクスと密接に連絡をとりながら、アンダーソンが最も意欲を示したのは、オランダがモルッカ諸島で独占していたクローヴ、セイロン島で独占していたシナモンの導入であった。かれはそのいずれにも成功した。もっとも運悪くというべきか、セイロンは一七九五年にはイギリスの占領するところとなったから、かれの功績の半分は烏有に帰してしまった。セント・ヴィンセントの植物園は、ちょうどバンクスが鬼籍に入ったその前後、数年間放置されたのちに、一八二一年ごろ閉鎖されることになる。植物はすべて、一八一八年に設立されたばかりのトリニダード島の植物園に移植された。

このどちらかといえば不運な植物園を、もしいまもイギリス人が記憶しているとしたら、それはある事件によってであろう。「バウンティ号の反乱」。ノードホフとホールの小説、そして映画で有名なこの反乱は、一七八九年、西インドに移植するパンノキを南太平洋のタヒチから輸送する航海の途上に起きた。パンノキは、アメリカ独立戦争のさいに蜂起した北米植民地からの食料供給が途絶して、多くの奴隷を飢餓によって失った西インドの農園主たちが、早くから導入を希望していたものである(本書第七章参照)。

奇跡的な生還で英雄となったブライ船長は、再び同じ使命を帯びて、今度はプロヴィデンスという名の艦でパンノキを輸送する。一七九三年二月、西インドに到着したプロヴィデンス号はまっさきにセント・ヴィンセント島に停泊し、積んできた六〇〇本の苗木のうちの半分をここで降ろした。苗木はアンダーソンの植物園に運ばれた。アンダーソンはパンノキが実を結ぶまで成長させることに成功し、多くの苗木を農園主たちに配布した。苗木は育ち、実をつけたが、「奴隷たちはこれを嫌って、見向きもしない」と、一八〇七年のアンダーソンの勧業協会への報告にはある。

第四章

ブルーマウンテンの椿

カリブ海の植物園・2

一　ポールとヴィルジニーの島

モーリシャス島はマダガスカルの東およそ五五〇マイル、インド洋の、南回帰線に近い熱帯の島である。一九六八年にイギリスから独立した。

私がたぶん、ほかの人たちよりも少しはこの国を身近に感じているのは、一九七八年の夏にはじめてイギリスを訪れたとき、モーリシャスからの移住者であるカダルー氏のロンドンの家に、偶然一カ月あまり滞在したことがあるからである。モーリシャスと聞いても、そのとき私はそれがどこにあるかを知らなかった。カダルー家の壁に飾られた額の絵には、椰子が海面に影をおとす風景があって、インド系のカダルー氏の風貌から、漠然とアフリカの東部海岸を想像した。

カダルー家には二人の娘がいた。内気な美少女だった姉は、私が三度めにロンドンを訪れたときには、もう結婚する年ごろになっていて、おりから新婚旅行で両親の故郷を訪ねているとのことで不在であった。彼女にとってははじめてのモーリシャスである。おそらく彼女も私と同じように、壁の絵を見て、この島を想像しつづけていたのであろう。妹のほうははじめて会ったとき、小学校に入ったばかりで、学校で英語を習っているといっていた。下手な英語は、私の話相手にもってこいであった。そのことにしばらく気がつかなかったが、カダルー氏と夫人は家庭ではフランス語で会話していたのである。モーリシャス島は、一八一四年にイギリス領になるまでのおよそ一〇〇年間、フランスの植民地であった。そのため現在もフランス語が日常に使用されている。

喜望峰からインドへの航路の中間にあたるこの島に、はじめて上陸したヨーロッパ人はポルトガル人である。ポルトガルの地図には、この島はセルネ(白鳥)島として記載された。モーリシャスの名はオランダのナッサウ伯マウリッツに由来している。一六三八年にこの島を占領したオランダは、サトウキビと綿花をもたらし、マダガスカル島から輸入した奴隷を使って栽培を行なったが、一八世紀に入ってまもなく、この島を放棄した。代わってモーリシャスを支配したのがフランスである。一八世紀をつうじて、インド洋でイギリスと覇権を争ったフランス海軍の拠点となったこの島を、フランス人はイル・ド・フランス(フランス島)と呼びかえた。あるいはこれで思い出された方もあるかも知れない。小説『ポールとヴィルジニー』の舞台となったのがこの島である。

ベルナルダン・ド・サン゠ピエールの『ポールとヴィルジニー』は、この南の島で兄妹のように育てられたフランス人の少年少女のけがれのない愛情を描いて、フランスのロマン主義文学の先駆となった。フランスに連れ戻された少女ヴィルジニーがふたたび島へ帰ってくる船が、島を目前に嵐にみまわれて遭難する。死体となって浜辺へ打ち上げられた少女を、悲嘆にかられてポールがかきいだく、物語の最後のシーンは鮮烈である。このパセティックな光景は、物語前半の、二つの家族が自然につつまれて築く、平和で愛にみちた小さな共同体の安らかさと対照されてきわだっている。これは文明と自然の対峙の物語なのである。そのはずで、ド・サン＝ピエールはルソーの謦咳に接し、かれの最もよい生徒であった人物なのだ。この小説は、ド・サン＝ピエールの『自然の研究』の第四巻として、一七八八年に出版された。

図 4-1
ベルナルダン・ド・サン・ピエール

　小説のなかほどに、まだ一二歳の少年ポールが、忠実な黒人奴隷の協力を得て、かれの農園を築く場面がある。少年は、森からレモンやオレンジ、羅望子（タマリンド）、棗椰子（ナツメヤシ）の若木を集めて農園のまわりに植え、カリロク、マンゴー、ローレル、バンジロー、パンノキ、ユーカリ（植物名は、田邊貞之助訳による。ローレルはアヴォカド、バンジローはグ

図 4-2
ベルナルダン・ド・サン・ピエール
『ポールとヴィルジニー』挿絵より

アヴァのこと、ユーカリは誤りであろう。原語は jamrose で東南アジアで食用にされる果実フトモモのことである）といった熱帯産の果樹の種子を播く。ポールは農園の中心から周囲にむかって、草花、灌木、高木としだいに配置し、高い土地には種が風で飛ぶ植物を、水際には水に漂って繁茂する植物を植えた。少年は、あきらかに農園を庭のように、あるいは植物園のようにしつらえようとしている。石ころをピラミッドのように積み上げ、石のあわいを土で固めて「岩地を好む薔薇やくじゃくそう」を植えたのは、ロック・ガーデンの庭園作法である。

植物園をもちだすのは、かならずしも唐突ではないはずだ。そう考える理由は、一つにはさきに挙げた植物が、すべてモーリシャス島には導入された、外来の（とくに熱帯アジアの）植物であること。一七九二年にド・サン・ピエール自身が、ビュフォン伯のあとを襲い、パリの王立植物園の園長になっていること。そしてなにより、ド・サン・ピエールが、一七六八年に技術将校としてこの島にわたり、七一年まで三年間滞在したその間に、実際に一つの植物園の誕生を目撃していたはずだからである。

モーリシャス島は一七六七年にフランス東インド会社から、本国の直轄植民地に移管された。このとき、本国政府によって派遣された総督がピエール・ポワヴルである。ポワヴルにとって、オランダの香料植物の独占をやぶり、東南アジアのモルッカ諸島からフランスの帝国内に植物の移植を行なうことは、永年の宿願であった。

熱帯アジアの植物を西方に移植する計画は、フランスではすでに、一七世紀の末にラバ神父による仏領西インドの開発計画の一つとして提案されていた。そこで神父は、茶、コーヒー、胡椒、ナツメグ、シナモンの栽培の可能性を指摘している。フランス東インド会社も、一七二九年にモルッカ諸島の無人島に船を送り、ひそかに香料植物をもち帰ることを計画したが、実現をみなかった。

一七七四年に宣教師としてコーチシナにわたったポワヴルは、一七四四年、本国への帰還の途中イギリスの捕虜となり、バタヴィアで釈放された。かれはこの地にしばらくとどまり、クローヴとナツメグにかんする情報を収集する。帰国にさいして、モーリシャス島に立ち寄ったかれは、そこで植物移植の具体的な計画を抱いたはずである。帰国後東インド会社総督に会見して、二つの計画、すなわちコーチシナと直接の関係を結ぶことと、香料植物を入手してモーリシャス島へ移植することを具申している。一七五〇年にフランス王の全権大使としてコーチシナに戻ったポワヴルは、マニラで一九本のクローヴの苗木を入手し、モーリシャス島へもち帰った。そのうち五本が成長し、それを本国リヨン郊外のかれの土地へさらに移植した。

一七六六年に総督になったポワヴルは、いよいよ計画の本格的な実行に着手する。かれが一七六九～七〇年、七一～七二年の二回にわたって派遣した遠征隊は、モルッカ諸島から四〇〇本のナツメグの苗木、一万個の実、七〇本のクローヴの苗木、箱一杯のその実を積んで帰還した。モーリシャス島のかれの農園「わが楽しみ（モン・プレジル）」には、クローヴ、ナツメグのほかに、パンノキ、マンゴー、マンゴスティン、茶、樟、ナツメヤシ、サゴ椰子、シナモンが植えられた。こうして導入された植物は、一七七三年、ポワヴルが島を去ったあと、ジャン・ニコラ・セレが管理した。一七七五年三月、ポワヴルの地所モン・プレジルは国王ルイ一六世に買い上げられ、セレを園長とする王立植物園となった。これがフランス最初の植民地植物園である。

二　ジャマイカ島の植物園

同じ一七七五年、英領西インド諸島のジャマイカ植民地議会は、二つの植物園の設置を決議した。セント・ヴィンセント島についで、二番めのイギリス植民地植物園ということになる。

ジャマイカ島は、カリブ海の北に並ぶ大アンティル諸島の一つ、諸島中最大の島キューバの南にある。地図で見ればキューバに睥睨されている感じの小さな島にすぎない。それでも、イギリスの西インド植民地としては最大のものであったし、およそ七〇〇の砂糖プランテーションをもつ「砂糖の島」として、一八世紀のイギリスにはかりしれない「西インドの富」をもたらしていたのはこの島であった。

ジャマイカは東西に細長く、やはり東西に走る背骨のような山脈を有している。その東の端がブルー・マウンテンズと呼ばれる山地であり、標高二二五六メートルの秀峰ブルー・マウンテンをいただいている。その南麓のエンフィールドの地に議会は土地を購入し、「熱帯植物園」を設けた。議会ははじめ、低地の「熱帯植物園」と、もっぱら温帯植物の導入をはかる目的の「ヨーロッパ植物園」の二つの植物園を構想していた。しかし、エディンバラの王立植物園園長ジョン・ホープの推薦で、エンフィールドの植物園の管理にあたることになったトマス・クラークが、一七七七年のはじめにジャマイカに到着したとき、ヨーロッパ植物園についてはその土地すら準備されていなかった。クラークは急な傾斜地にあるエンフィールドの地形にかんしても難色を示し、一七七九年には東へ四五マイルの鉱泉地バースに植物園を移転した。

ところで、ジャマイカの植物園は誰の発意によるものであったのか。幾人かの候補を挙げることができる。一人は、エディンバラのジョン・ホープである。ホープは、一七七六年にリンネに宛てた手紙で、ジャマイカ総督と議会が植物園を設置したことをつたえ、「私がこの計画を最初に総督サー・ベイジル・キースに示唆したのです」と書いている。議会が植物園の管理者の人選をホープに依頼していることからも、計画へのホープの関与はたしかにありうる。しかし、すでに植民地の側にも植物園への期待があったようである。ジャマイカの有力なプランターであったエドワード・ロングは、一七七四年に著した『ジャマイカ史』で、植物の新規導入のための植物園の設置にかんして、ジャマイカのジェントルマンたちがセント・ヴィンセントのごとき小島に先行を許したことを憾みとしている。もう一人の候補は、植民地官吏でプランテーション経営者でもあったヒントン・イーストである。すでにイーストは、かれの農場スプリング・フィールドに、一七七〇年頃から私設の植物園ともいうべきものを経営しはじめていた。

誰がと問うことはあまり意味がないかもしれない。一人の発意より、むしろ本国を中心に、一七六〇年代から七〇年代にかけて急速に広がり、広く帝国全体に共有されはじめていた植物の調査、収集、移植への関心を確認しておくほうが大切だろう。ロンドンでは、勧業協会が有用植物の、本国・北米植民地・西インド植民地への導入に対して報奨金を提供し、一七五八年以来毎年発行した報奨金リストに、対象となる植物名を掲載していた。そこには、一七七五年までにログウッ

図 4-4
ジョン・ケイの描いた
エディバラ・リース・ウォーク植物園の
ジョン・ホープ

ド、サフラワー、オリーヴ、シナモン、ケシ、マンゴー、アロエ、サルトリイバラ、アナトー、藍、樟、キナノキなどの医薬・染料用植物、油脂・樹脂植物、果樹の名があがっていた。スコットランドでは一七六三年ころ、エディンバラ植物園のホープが「外国産種子・苗木の輸入協会」を設立し、組織的な植物移植を実践した。この活動は一七七三年までつづいた。一七七一年には、ロンドンの薬種商組合のチェルシー薬園を中心に、「外来植物大交換会」が催された。キュー植物園、私邸に個人的な植物園を設けていたノーサンバランド公爵、外来植物を専門に扱っていた種苗商ジェイムズ・リーなどが参加し、外来植物の収集・交換のためのネットワークができあがっていたことを示している。

ジョン・エリスは、『東インドおよびその他の遠方の諸国から生育した状態で種子と苗木をもちきたるための指針』（一七七〇）を著して、導入すべき植物について指示したのち、一七七三年には『外国からの種子保存方法にかんする考察』と題する小冊子を、外国旅行者、航海者のために発行している。同じような植物輸送のためのマニュアルは、クェーカー教徒の医師で植物学者であったジョン・レトサムも、一七七二年に『博物学者と旅行家の手引き』として著していた。

一七七二年には、キュー植物園から、最初のプラント・コレクターとしてフランシス・マッソンが南アフリカ、ケープ植民地へむけて出発する。マッソンは、キャプテン・クックの第二回航海のレゾリューション号に乗船し、テーブル・ベイに上陸した。かれはケープで、日本へ来る前のツュンベリ（ツンベルク）に出会い、採集旅行をともにしている。

こうした関心を最も端的に行動にあらわしたのが、南太平洋の植物資源の調査を密命とし、植物学者バンクス、リンネの使徒ソランダー、博物画家パーキンソンを同行したクックの第一回航海である。クックの航海のおもてむきの目的は、一七六九年六月三日に起きる金星の太陽面の通過を観測することにあった。その観測地に選ばれたのがタヒチ島である。一行はその年の四月から七月までの三カ月間、タヒチに滞在し、この島の人と自然についての情報をもち帰った。よく知られているように、クックのタヒチ情報は、文明を知らない人々が労働の苦役から解放され、原初の至福の状態に生きる楽園の神話として流布することになる。そのシンボルというべきものがタヒチのパンノキであった。バンクスは、エンデヴァー号の航海日誌のなかで、「食物

図4-5
ジョン・レトサムの私的植物園があったグローヴ・ヒルの邸宅。
温室が併設されている

にかんしては、この幸福な人々は、われわれの祖先がこうむった呪縛から、ほとんど免れているといってよい。〔……〕パンノキは、ただ木に登り、それをもいで下りてくるだけで手に入る」と書いた。

おそらく、ジャマイカへの植物園の設置の背景にあったのは、この天のマナ、労せずして収穫にあずかれるパンノキの移植への、はっきりとした具体的な関心であった。といっても、西インドに「楽園」の建設が夢想されたというわけではない。西インド関係者の心をとらえたのは、ひとえにパンノキの効率のよさである。西インドの砂糖植民地は、白人人口のおよそ一〇倍、西インド全体で約四〇万におよんだ黒人奴隷の労働に依存していた。この奴隷を養う食糧にかんして、きわめて切迫した状況があった。

西インドの小さな島々では、かぎられた耕地のほとんどは、砂糖をはじめとする綿花、コーヒーなどの輸出用作物の単作にあてられ、奴隷の食糧のほとんどは北米植民地からの輸入にたよっていた。しかし、一七七〇年代に入って、北米植民地とイギリス本国との関係は険悪の度合を増していた。そして北米植民地は、イギリス帝国のアキレス腱がどこにあるかを、よく承知していたのである。一七七四年の秋には、北米植民地大陸会議は、この年の一二月以降、英領西インドからの糖蜜、コーヒー、ピメント（オールスパイス）の輸入、羊の輸出禁止措置を実施することを決議した。七五年九月には、輸出停止はすべての商品に拡大することが予告されていた。

莫大な資本を投下して行なうプランテーションで、耕地を奴隷の食糧栽培用に転換することが、プランター個人にとって自殺的な行為であるのは自明であった。しかし食糧輸入の停止がただちに奴隷の飢餓をまねくのは、誰にも予想されることである。奴隷の労働力を削がず、土地の転換を要しない、願ってもない植物資源の存在が南太平洋から報告されていたのである。

一七七二年四月、プランターの出身で、当時セント・ヴィンセント島の植民地総督であったヴァレンタイン・モリスは、ジョゼフ・バンクスへの書簡で、パンノキの西インドへの導入を提案し、必要な行動計画の作成をバンクスに依頼している。一七七五年三月には、ロンドンの西インド商人協会が、パンノキをイギリスに導入することにたいして一〇〇ポンドの賞金を提供することを発表し、ウェストミンスターにおけるドミニカ植民地の代理人として西インド関係者の一人となっていたジョン・エリスは、同じ年に、『パンノキの解説』と題するパンフレットを発行した。翌年には勧業協会が、報奨金リストにパンノキを加えている。

一七七七年には、パンノキの入手を目的とした遠征隊が派遣されるという噂がロンドンに流れた。しかし計画が実行に移されることはなかった。種のないパンノキを地球を半周して輸送するためには、苗木の状態で運ばねばならない。船は、寒冷の南米最南端をまわるか、長い酷暑のインド洋を航海する必要があった。この困難な事業には、周到な準備を欠くことができなかったが、すでにイギリスは北米一三州との交戦を開始しており、一七七八年にはフランス海軍の艦隊がカリブ海に登場して、イギリスの西インド植民地をおびやかしていた。

一七七七年にジャマイカに到着したトマス・クラークは、中国からの荔枝（れいし）、東インド産のサゴ椰子、アフリカ産アーモンドなどの食用植物のほか、中国の茉莉花、日本の樟、カナリア諸島のラヴェンダーなどをジャマイカにもたらした。これらの植物はバースの植物園に移植され、ジャマイカにおける本格的な植物園の経営が開始される。アイランド・ボタニストに任命されたクラークは翌年、奴隷船の船長から、奴隷たちの故郷西アフリカ産の植物アキーの挿し木用の小枝を入手した。いまだヨーロッパの植物学には紹介されていなかったこの木の実は、黒人奴隷たちの嗜好にあい、アキーはジャマイカに急速に普及した。塩漬けした魚にアキーをあわせたものは、いまもジャマイカの代表的料理である。

三　パンノキをもとめて

一七八二年二月一八日、モーリシャス島のモン・プレジルの植物園長セレは、西インド、エスパニオラ島のフランス領植民地サン・ドマングの総督ド・ベルコムに手紙を書き、翌日出港する船で植物を送ることを知らせた。この船ラ・サント・アン号は、六月にはカリブ海域に姿を現し、そこでおりからフランス海軍と交戦中の、ロドニー卿のひきいるイギリス艦隊の一隻フローラ号によって拿捕された。ラ・サント・アン号の船員は積み荷の植物の一部を破棄したが、残った植物は没収されて、ロドニー卿の命令でジャマイカに送られ、クラークのバース植物園、ヒントン・イーストの庭園の両方で栽培がこころみられた。ロドニー卿は、カリブ海の海戦で西インドのイギリス勢力を死守した英雄として、イギリスではよく知られている。と同時に西インドでは、新しい植物の導入者として、その名をとどめている。

ブライアン・エドワーズの『英領西インド諸島史』の第二版（一七九四）に収録されたイースト庭園の植物目録には、このときジャマイカにはじめて導入された植物として、マンゴー、マンゴスティン、シナモン、ジャックフルーツ、スクリュー・パイン（芳香のあるタコノキ属の植物）などが挙げられている。セレの送り状には、ほかにナツメグ、クローヴ、胡椒が記されていたから、サント・アン号の船員が、何を緊急に処分したかがわかる。

ジャックフルーツ（パラミツ）は、パンノキと同じフトモモ科パンノキ属の近縁種であり、大きな果実を直接幹につける。モーリシャス島で少年ポールが栽培していた「パンの木」とは、このジャックフルーツである。一七八四年七月に、ヒントン・イーストは、バンクスに宛ててつぎのように書いた。

「私はブルボン島〔モーリシャス島に隣り合った現在のレユニオン島。イーストは不正確な情報を得

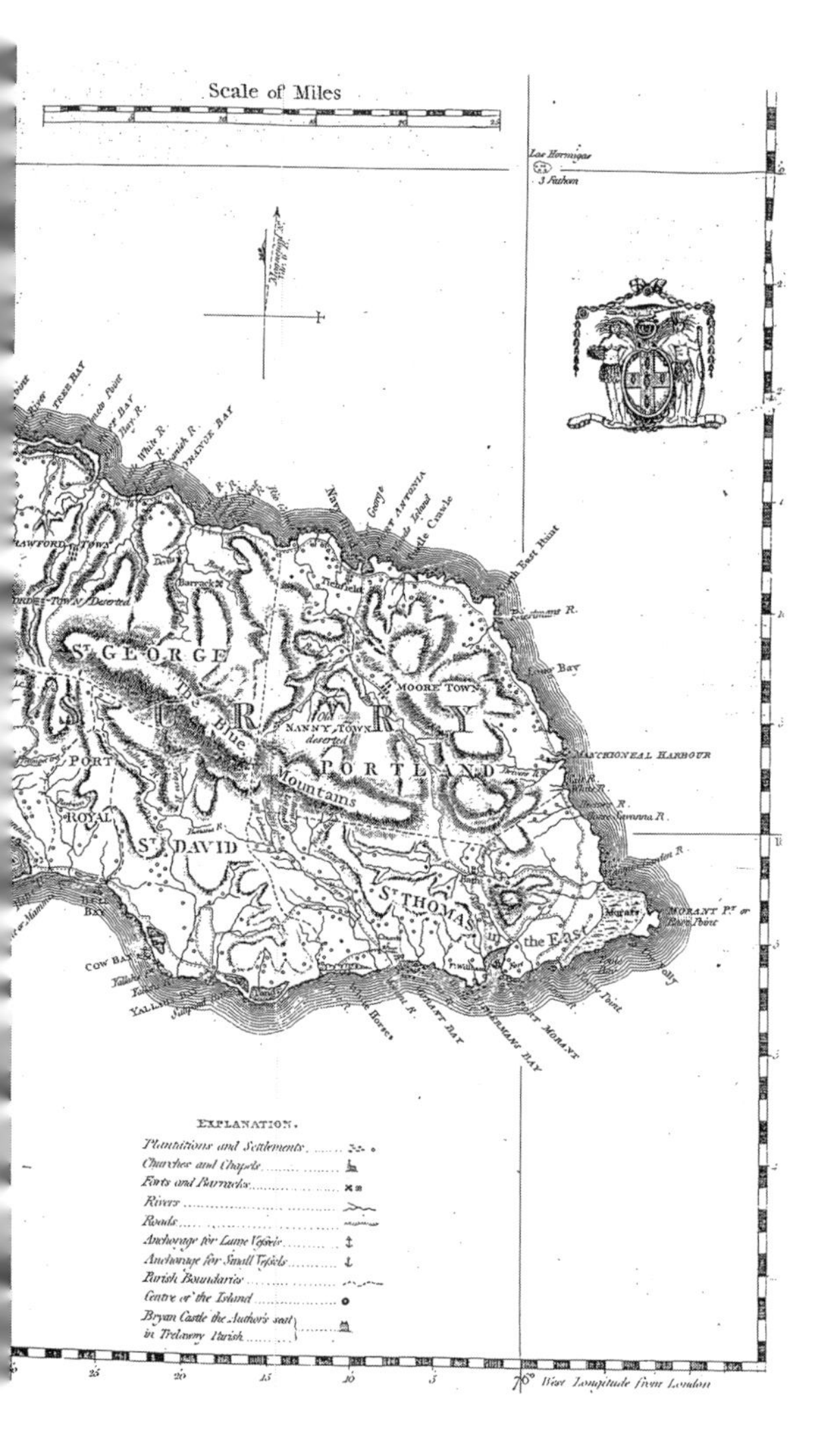
Scale of Miles
Las Hormigas
3 Fathom
ST GEORGE
The Blue Mountains
PORTLAND
MOORE TOWN
Old NANNY TOWN deserted
PORT ROYAL
ST DAVID
ST THOMAS in the East
MANCHIONEAL HARBOUR
MORANT PT or East Point
PORT MORANT
COW BAY
EXPLANATION.
Plantations and Settlements
Churches and Chapels
Forts and Barracks
Rivers
Roads
Anchorage for Large Vessels
Anchorage for Small Vessels
Parish Boundaries
Centre of the Island
Bryan Castle the Author's seat in Trelawny Parish
25
20
15
10
5
76° West Longitude from London

図 4-6
ジャマイカ島東部の地図

ていた」から来た植物をもっています。これがパンノキだという人もありますが、私にはきわめて疑問に思えます。葉の形状がエリス氏による解説および図とまったく一致するところがないからです。〔……〕最高の品種のパンノキを獲得することは、われわれのネグロたちに健康的でおいしい食物をあたえられるという点で、西インド諸島にとってはかり知れない意義をもちます。〔……〕当局がこの望ましきことがらを実行に移すために、なんらかの措置をとる日は遠くありますまい」

一七八六年にはイーストは自ら本国へわたり、バンクスのもとを訪れて、パンノキの導入の可能性について討議した。南太平洋の植物の権威であるだけでなく、国王ジョージ三世の信頼が最もあつく、政府にたいしてもつよい影響力を有していたバンクスこそが、計画を実行に移しうる唯一の人物であることは明白であった。

機は熟していた。アメリカ独立戦争は終結し、短い平和が訪れていた。セント・ヴィンセントの植物園は、アンダーソンのもとに王立植物園として再建されていた。ジャマイカにはバース植物園がある。一七八七年の一月には、東インド会社が領有する南大西洋のセント・ヘレナ島に植物園を設置することが決まった。セント・ヘレナは太平洋・インド洋からのイギリス船がかならず寄港する島で、ちょうどフランスにとってのイル・ド・フランス（モーリシャス島）と同じ位置を占めている。

八七年の一月にバンクスは、首相ピットを説いて、パンノキ遠征隊の必要を承認させることに成功した。二月には、陸軍省のジョージ・ヤングが、パンノキその他の植物を積載した船がフランス領西インドに到着したらしいとの報告を受けて、ただちにそれをバンクスにつたえた。フランスとの競争である。

船長にはウィリアム・ブライが指名された。ブライはクックの第三回航海に同行して、有能な航海者であることを証明していた。ブライ船長のバウンティ号は一七八七年一二月に出航した。バウンティ号がタヒチからの帰途に遭遇したあまりにも有名な事件についてはここでは語るまい。プロヴィデンス号による二回目の航海で、かれはセント・ヴィンセントとジャマイカに、合計七〇〇本のタヒチのパンノキをはじめ、ティモールのジャンボー（フトモモ）、ビリンビ、胡椒などをもたらした。

四 ブルー・マウンテンの椿

プロヴィデンス号がジャマイカのキングストン港に到着したのは一七九三年の二月である。ヒントン・イーストは待ち望んだパンノキを見ることなく、前年の四月に亡くなっていた。植民地政府は一七九三年にかれの庭園を購入し、植物園として正式に政府の手で経営することを決定した。このジャマイカの二番めの植物園は、リガニー植物園と命名された。園長には、キュー植物園の出身で、ブライの南海遠征に植物学者として同行し、ジャマイカにとどまってバース植物園に隣接する種苗園でパンノキの栽培にあたっていたジェイムズ・ワイルズが任命された。

ワイルズの就任にさきだって、ジャマイカ政府はイーストの庭園の植物目録の作成を、ジャマイカ在住の植物学者アーサー・ブロウトンに依頼した。目録は『イースト庭園あるいはジャマイカ島のリガニー山の植物園で栽培されている外国産植物のカタログ』として一七九三年に出版された。翌年にあらわれたブライアン・エドワーズの『英領西インド諸島史』の第二版に収録されたものが、いま手もとにある。この目録には、五四〇種の植物が収められており、それぞれにリンネ分類による属・種名、英語名、原産地、導入者、導入年が記載されている。眺めて飽きないし、本書で強調してきたきわめて現実的な植民地人の像を、すこし修正せねばならない気もしてくる。

イーストの庭園は、議会がはじめに植物園設置を計画した、ブルー・マウンテン山地南麓のエンフィールドにすぐ隣接する位置にあった。ジャマイカ第一の都市で、主要港であるキングストンからは東北へおよそ六マイル。イーストは、キングストンの港では税関の収税長官として働き、いっぽうで植民地政府の法務長官の任にもあたっていた。税関吏の地位にあったことは、海のむこうから渡来する植物を収集するに絶好の機会をあたえてくれたかも知れない。

かれの植物で導入時期の最も古いものは、一七六二年、東インド（東南アジア）産の植物で、英語名はローズ・アップル、あの少年ポールがかれの農園に植えたフトモモのことである。導入者は、ノンサッチ農園を経営していたベイリーという人物であった。同じ人物が一七六五年にはアメリカ大陸産の薬用植物サルトリイバラをつたえている。ジョン・エリスの名も見える。エリスが『指針』のなかで名を挙げた、薬用植物の巴豆(はず)である。導入者としてヒントン・イースト自身の名が記されているのは一七七〇年から。おそらくこのころから、政府による植物園の設置にさきだって、かれの庭園をジャマイカへの新しい植物の導入の拠点にしようと明確に意識しはじめたのであろう。のちにイーストはバンクスへの手紙で、かれの庭園を「植物園」という名で言及している。この年から亡くなる一七九二年までの間に、一七〇種の植物を導入している。アメリカ独立のあおりで、カリブ海が戦域となっていた期間にはその数は少なく、最も多いのは一七八八年で、この年だけで四二種の植物を入手した。

たとえばかれは、どのような植物をかれの植物園に導入したであろうか。目録から目にふれるものを拾ってみよう。ジャスミン(マディラ島)、バラ色のイクシア(喜望峰)、アイリス(オーストリア)、マツムシソウ(スペイン)、ヒイラギ(英国)、ヒマワリ(ペルー)、サクラソウ(英国)、アザレア(北米)、ディル(スペイン)、石南花(しゃくなげ)(北米)、ユリノキ(北米)、コルク樫(南欧)……。私たちがいまも花屋の店先で見るような花々、料理用の香草、花木など、有用性よりはむしろ目を楽しませる、観賞用の植物がきわめて多いのに驚く。

いや驚くにはあたらないのだろう。われわれは、前章とこの章で、あまりに熱帯の有用植物にとらわれすぎていたようでもある。一八世紀後半のイギリスにおける植物移植への関心が、ジョゼフ・バンクスが同一緯度では同じ植物が成育するという確信にもとづいてひいた「熱帯アジアの植物を熱帯アメリカへ」、「帝国の外の植物を帝国の内部へ」という図式に導かれていたことは確かである。しかし同時に、一八世紀のイギリスが、庭園狂い（フロル・ホルテンシス）の時代であったことを忘れてはなるまい。流行の「風景式自然庭園」の作法は、自然めかしくしつらえて、ひそかに細緻な人工のかぎりをつくすことであった。微妙な差異化をはかるために、新しく珍しい植物がつねにもとめられつづけていたのである。ここでは植物の移動は、特定の地域から一つの方向をめざすのではなく、熱帯からアルプスの高山にいたるまでの植物が、一つの庭園にうけいれられていた。

イーストの『目録』には、日本産と記述された植物が三種ある。一つは学名も英語名も「紙の桑」というもの。楮（こうぞ）のことである。つぎは、トマス・クラークがつたえた樟。そして最後が椿。一七八七年にイーストが入手している。英語名はジャパン・ローズである。椿はケンペルによって、ツバキとしてヨーロッパに紹介された。ジョン・エリスもかれの『指針』でその名を用い、イギリスではピーター卿が、エセックス州のかれのソーンドン・ホールの庭園に、「その花の優雅な輝きを讃えられた美しいツバキを所持した」ことを語っている。四季のないカリブ海の熱帯で、青い山容を背景にはたして日本の椿は開花しただろうか。

イーストの庭園がどのように設計され、どのように目に映ったのかをつたえるものはなにもない。ただ植物の目録が残されているにすぎない。しかし、いずれにしても、ジャマイカではかれがきわめて特異な存在であったことは間違いない。R・C・ダラスの『逃亡奴隷の歴史』(一八〇三)によれば、「(ジャマイカでは)庭園趣味は知られておらず、あるいは孤立した例と感じられて」いたからである。「ただ目を楽しませる目的で土地を改良し、丹精こめた美しさで愉悦にひたることは、いささかもプランターたちの好むところではない。かれらはただ、他の地域で楽しみをたしかに得るための手段としてしか、この国をみていない」

庭園、とりわけ自然庭園は、いわば時間の芸術であるといえる。四季の動きにつれて変化し、長い期間をかけてそれとわからず成長をつづけ、そしてときにはゴシック式に古代を粉飾する。しかしジャマイカの多くのプランターたちにとって、時は金利以外のなにものをも意味しなかったであろう。一攫千金をはたして、本国へ帰る。それが在地のプランターたちの行動様式であった。植物の悠々たる楽しみは、ヒントン・イーストのごとき、土着化したイギリス人、いわゆるクレオールの家系の出身で、ジャマイカを墓場にする覚悟のあった人にだけ可能であったのかも知れない。

第五章

インドの植物園と大英帝国

カルカッタにイギリス東インド会社の植物園が開かれるにあたっては、一人の人物の逡巡が関係した。

一 ロバート・キッドとカルカッタの植物園

一七八五年の末、インド東部ベンガル地方での二〇年におよぶ軍隊勤務に健康を害した、東インド会社工兵隊将校のロバート・キッド大佐は、この炎熱の地を去ってイギリスへ帰国することを決意した。帰路、アフリカ南端のケープに上陸したキッドは、そこで、なにかしらインドでなすべきことを果たさずにきたという思いにしばしとらわれたのである。啓示めいたものがかれを訪れた。帰国を思い止まって、ただちにカルカッタへひきかえしたキッドは、ベンガル総督代理ジョン・マクファーソンに宛てて書簡を送った。

「インドにわが領土を獲得したことの結果として英国が掌中にした富を思うとき、はたしてわれわれはそれにみあうほどの恩恵を〔……〕われわれが統治することになった人々に

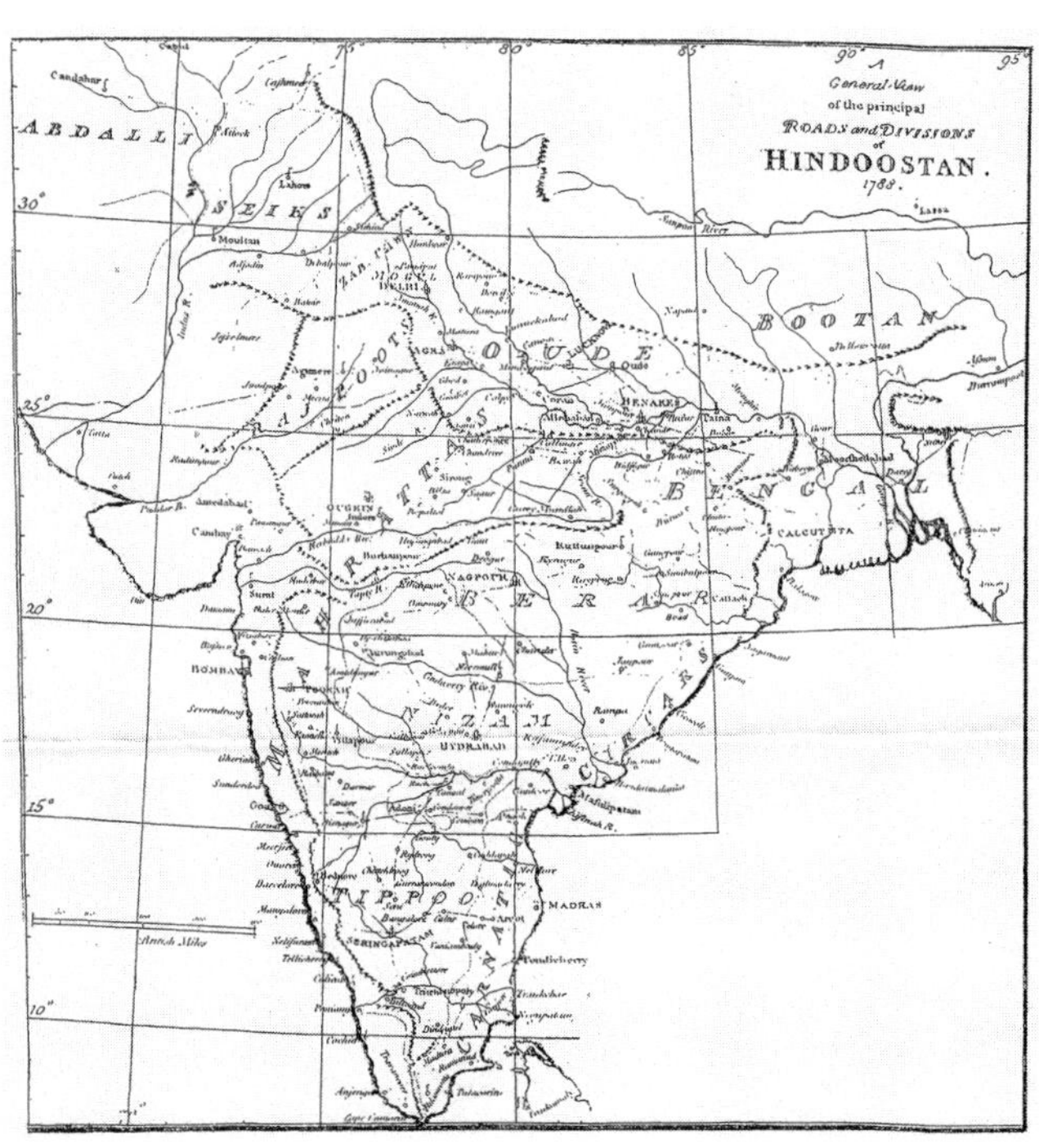

図 5-1
ジェイムズ・レネルによるインド地図（1788 年）

あたえてきたであろうかと考えてしまいます。彼我比較するならば、バランスはわれわれの側に失ありといわざるをえません」

一七六五年にイギリス東インド会社が、ベンガルの地税徴収権をムガル帝国の皇帝からあたえられて以来、会社はベンガルにおける事実上の政府として住民のうえに君臨していた。インド人の徴税代理人を用いた税のとりたては苛酷をきわめ、そのうえベンガルはしばしばモンスーンに襲われ、飢饉にみまわれた。とくに一七七〇年の飢饉はひどく、しかもそのさなかにも会社は地税を増徴したのである。一七七一年には耕地の三分の一が放棄されて荒地となり、逃亡した農民は森の盗賊の群れに入って、イギリス人やその傭兵を襲った。ベンガルは荒廃し、餓死を免れた農民も窮乏していた。キッドは、イギリス人が導入した法が、放恣なヒンドゥの王侯の、無法で冷酷な暴力にさらされていた住民の財産と人身を保護したことを、イギリス人のもたらした恩恵の一つに数えたが、この貧困と飢餓は、軍隊をもった会社のこの二〇年の専制下に、かつてない状態になっていたのである。

図 5-2
カルカッタ植物園のロバート・キッド

キッドの書簡は、そのことへの贖罪の思いにかられて認められたものである。ベンガル住民を飢餓から救うために会社がとるべき方途をかれは提案する。キッドの計画とは、会社の船舶をスマトラ島の西端アチェ（アーチン）に送り、そこからサゴ椰子の苗木を大量にもち帰るというものであった。サゴ椰子は幹の髄から、食用になる澱粉を産する。サゴ椰子が多く見られるマレー半島やアーチン岬の気候や土壌はベンガルと大差ないので、ベンガルのパルミラ椰子やココ椰子と同じように、ほとんど人手をわずらわせることなく容易に生長し、殖えるはずである。「これをカルカッタに植えて元株とします。これから政府の手で、わが領土のおもだった地方都市に移植します。そうしていずれすべての村がこの木をもつようになり、危急に備えることができます。飢饉にさいしてこの木を切り倒すのです」

会社の反応は驚くほど早かった。この書簡の日付の二日後、一七八六年四月一五日には総督と会社評議会が、サゴ椰子を入手するために必要な措置をとるよう、東インド会社船のライト船長に指令をあたえた。

植物の移植、導入にかんしては、キッドには忘れがたい経験があった。そのことをかれは、その年の六月一日に、ふたたびベンガル総督代理に宛てた二通めの書簡に詳しく記している。一〇年ほど前、つまり一七七〇年代のなかばのことである。キッドは友人とベンガルの会社領土の東部辺境を旅行していた。森にわけいって、かれはあたりの樹木とはひ

ときわ異なった樹容の一本の木を目にした。肉桂の木ではあるまいか。樹皮に手をあてて
かれはそう思った。
ヨーロッパでも古くからシナモンの名で知られたインド肉桂は、当時オランダがセイロン島で独占し、大きな利益をあげていたが、ベンガルに産することは知られていなかった。だが現地の住民は、これは土地の木ではないという。たしかに周囲には同じ木はただの一本もみあたらなかった。さらに訊ねると、その木の葉は、インドの料理に使用されるタジェ・パトというスパイスと同じものだともいう。かれらはこのスパイスを、北方のアッサム地方から輸入していた。キッドは、ダッカ駐在の軍司令官の手をわずらわし、アッサムとの境界地帯から何本かの苗木を入手し、それをカルカッタのベンガル総督ヘイスティングズに託して、総督邸の庭園でこころみに栽培してもらうことにした。たしかにそれは肉桂の木に間違いなかった。そしてこの木がブータン山中に原生することもわかった。その後、総督邸の庭園には、セイロン産の肉桂の木も移植された。それらは、キッドが一七八五年の末にインドを去ろうと決意したとき、実を結ぶまでに生長していた。
この経験を記したあとで、キッドはカルカッタに植物園を設置することを提案する。それは「たんなる物珍しさのために珍種植物を集めるものではなく、ベンガル人にも英国生まれの者にも、ひとしく有益なものを配布するために、元株となるものを置く」ことを目的としていた。政府によってインド各地から集められた植物が、個人に無料で提供される

というものである。この手紙には、集められるべき植物を、その産地とともに列挙したリストが同封されていた。ダッカの綿花、インド藍、煙草、コーヒー、白檀のほか、コロマンデル海岸で綿布の染色に用いられているチェラ・ルートや、花没薬の木に着生するラックカイガラムシから取るラックといった染料、ティーク、プーンなどの船舶材、胡椒、カルダモン、ナツメグ、クローヴといったスパイス類、コーパル、ミルラ、ベンジャミン、樟などの樹脂植物、そして緑茶、ボヒー茶などが挙げられている。

肉桂が含まれていないのが意外だが、さらに奇妙に思えるのは、サゴ椰子がみあたらないことである。救荒植物としてのサゴ椰子の導入と、カルカッタへの植物園の設置は同じ一つの計画ではないのか。植物リストが二通の書簡への補足であるとすれば、あえて触れるにおよばないと考えたのかも知れない。だが第二の書簡では、キッドの贖罪は背景に後退したかのようにも思える。リストに挙げられているのは、ヨーロッパが熱帯アジアにもとめた植物産品の一覧にほかならない。しかし、これらの経済植物の導入が、領土のいたずらな膨張を不要にするとキッドが指摘していることは重要である。

キッドの二通めの書簡にたいする会社の対応もすばやかった。現地の会社当局と総督は、本国政府のインド監督局の指示をまたず、ただちにキッドに植物園の候補地の選択にあたらせた。

キッドが選んだのは、カルカッタからフグリ川を下った西岸の地である。かつてムガ・

タナと呼ばれる要塞のあった跡地で、除隊した兵士やその子孫が住みついている。低地で大潮にさいしては冠水することもありそうだから、築堤工事が必要であるとキッドは報告している。会社は住民の土地の使用権にかんして調査を命じた。一七八七年三月、キッドは境界が決定ししだい、潮と野牛から防御するための堤防と溝の工事を開始するつもりであることを、新総督のコーンウォリス卿につたえている。住民は誰も土地の使用にかんする法的根拠を示すことができなかったが、立ち退きの交渉は難航した。しかし、四月には地面を覆うブッシュの伐採が開始され、五月にはキッドが植物園園長に任命された。同時にキッドは、中国に果樹の収集を目的とした船を派遣し、さらに中国人画家二人を雇用することを会社に依願している。六月には、ピアス大佐からマンゴーとパイナップルの最初の寄贈があった。七月六日、おそらく工事はまだ継続していたが、植物園が正式に開園された。植物園には、おもに東インド会社の関係者らによってつぎつぎと植物が届けられた。一七八七年一〇月二日のキッドの報告には、スルタン号のウォー船長が中国のマスカット棗椰子と桑をもち帰り、ルイス・バレット氏がマニラにカカオ樹とグァテマラの藍を注文したこと、会社官吏のデヴィッド・カミング氏、裁判所記録係のウィリアム・ジャクソン氏、ピアス大佐、砲兵隊のギレスピー氏から植物の寄贈があったことが記録されている。

それにしても東インド会社は、一将校の提案になぜかくも迅速に対応し、三一〇エーカーという広大な（これは当時のキュー植物園の約二〇倍にあたる）植物園の経営に踏みきったのだろうか。

二・東インド会社

東インド会社はもともと、熱帯アジアの物産、とりわけ胡椒・香料植物を交易するために、ロンドンの商人たちによって組織された合本企業である。そうしたものとしてはヨーロッパで最も早く誕生して、一六〇〇年にエリザベス女王によって独占の勅許を得た。しかし二年遅れてオランダに誕生したオランダ東インド会社は、およそ一〇倍の資本を誇り、東南アジアの香料産地でイギリスと争って、競争に勝った。一六二三年のアンボイナ島での衝突を契機に、イギリスはスマトラ島以東のアジアから撤退し、商業の中心をインドに置いた。同じ年、平戸のイギリス商館も閉鎖されている。

イギリスがインドで着目したのは綿布であった。キャラコやモスリンといったインド産の布地は、コットンという繊維にもとから備わるすぐれた特質に加えて、鮮やかな発色、エキゾティックなプリント模様の魅力でたちまちヨーロッパ人の心を魅了し、ヨーロッパに服飾の革命をおこした。

一七世紀の末に「インド狂い」と呼ばれるブームをまきおこしたのは、東インド会社が舶載したこの綿布だったのである。香料貿易に執着したオランダが需要の低下にともなう価格の下落に苦しんだのにたいして、一七世紀後半以降、イギリスがヨーロッパの重商主義国家として一頭ぬきんでることになったのも、国内市場で圧倒的に歓迎されただけでなく、他の諸国、さらにはヨーロッパ外にも再輸出されたこの綿布が大きく貢献していた。一八世紀の前半をつうじて、イギリスのインドからの輸入のほぼ七割を綿・絹織物が占めつづけて、東インド会社は高い収益をあげ、高配当をつづけた。

もっともイギリスにとって、東インド会社のもたらす綿布はありがたいことばかりではなかった。一つには輸入される綿布が、毛織物を中心としたイギリスの在来の織布業に打撃をあたえたこと。国内の市場を奪っただけではなかった。イギリスのほとんど唯一の輸出商品であった毛織物は、熱帯のインドには輸出できず、インドとの交易は市場の拡大につながらなかった。イギリスは、綿布をはじめとするインド物産にたいする対価を、銀地金以外にもちえなかった。この銀地金は、西インド諸島における砂糖生産と、奴隷貿易をつうじてイギリスが獲得していたものである。一八世紀の前半、イギリスからベンガルへの輸出の七割以上が、銀地金であった。かりに東インド会社が高い収益をあげえたにしても、イギリス一国についてみれば、インド貿易はひたすら銀の流出をまねく、典型的な片貿易であった。

問題の後者は、イギリスが一七五七年のプラッシーの戦い以降、ベンガルを中心として領土支配を開始したことによって一応は解消した。地税を銀で徴収し、その銀をインド物産の対価にあてることが可能になったからである。イギリスからインドへの銀の流出は止み、むしろ東インド会社や私商人の頭を悩ませたのは、インドで蓄積した銀の送金問題であった。イギリスとインドにおける金銀比価の違いから、銀を直接輸送することは大きな不利であったからである。イギリスでネイボブと呼ばれたインド帰りの富豪が、絢爛たる宝石に身を飾って帰国したのも、すべてがすべて虚栄によるのではなく、こうした送金問題の一つの解決策でもあったのだろう。

銀を投資する商品が必要であった。イギリス国内で開始された綿工業と競合する綿布に代わる、新たな植民地物産の開発が望まれていたのである。そしてそれは、イギリス本国では望むべくもないインドの熱帯の気候がはぐくむ植物であるべきだった。

たとえばインド藍（インディゴ）。この染料植物は、古来、インドの主要な輸出品であり、一七世紀にはイギリス東インド会社もこれを輸入してヨーロッパの市場に供給していた。しかし、この植物が西インド諸島に移植され、重要なプランテーション作物となると、東インド会社は競合を避け、一七二〇年代にはインドにおける輸出用藍の生産は途絶していた。一七四〇年代には北米南部のカロライナで栽培が開始されたが、アメリカの独立戦争以後、フランスの西インド植民地サン・ドマング島産の藍がイギリスの市場に入ってきていた。ふたたびインドにおける藍生産に関心がもたれたのがこの時期である。

東インド会社自体も問題をかかえていた。領土支配の開始は、会社のなかに直接交易にたずさわらない統治部門をかかえることになったからである。領土の維持と拡大は、強力な軍隊を必要とした。軍隊の維持も戦争の遂行も会社の費用で行なわれたのである。会社は巨額の負債をかかえ、その財政救済のために融資した本国政府は、一七七三年の法律でベンガル行政をその監視下におくことにした。この改革で、最初のベンガル総督として赴任したのがウォレン・ヘイスティングズである。かれは一〇年余におよぶ在職期間に、通貨制度の改善や、塩取引の会社による独占など、さまざまな経済改革を行なった。われわれは、ヘイスティングズ総督の庭園が、どうやら経済植物導入の栽培実験施設となっていたらしいことを知っている。この庭園がどのような状態にあり、総督がどのようにそれを位置づけていたか詳細に知ることはいまできないが、一七八六年に総督となったコーンウォリスが、「会社が財政上の理由で、ヘイスティングズ氏の庭園を買い上げることができなかったことを残念に」思っていたことはたしかである。

イギリス本国の東インド会社重役会議が植物園の設置を承認したのは、すでに植物園が開かれたのちの一七八七年七月のことであった。重役会議はとくに、シナモンの木の栽培実験に関心を示し、費用をいとわないむねを総督に伝達している。

三 植物園のネットワーク

一七八六年九月、まだ植物園の候補地がようやくムガ・タナ要塞跡地に選ばれたころのことである。ロバート・キッドは赴任まもない新総督のコーンウォリス卿から、一通の書類を示された。それは本国の陸軍卿ジョージ・ヤングから、総督に宛ててインド産の植物の送付を要請したものであった。一七八四年に再建され、王立植物園として陸軍省の管轄下に置かれたセント・ヴィンセント島の植物園のために、インドから必要とする植物について記し、種子・苗木の必要なリストを付していた。キッドは照会のあった一八種の植物について、それぞれにかれの管見を記した。たとえばつぎのようである。

ヴェジタブル・ソープ

栗の四倍ほどもあるこの種の実がなる大きくて美しい蔓植物があります。九インチケーブルほどの枝が地面からもつれあいながら伸びて、高い並木の樹冠をつたって延々二〇〇ヤードほどの長さになることもあります。総督へイスティングズ氏が二〇年ほど前につくった庭がまだ完全に破壊されていないならば、その並木にこれを見ることができるはずです。

こういった性質をもつ実がなる木がもう一つあります。ただし、アーモンドほどの大きさですが。ゴダヴァリ川がコリンガのあたりでつくりだしている半島に、ひじょうに多く見られるものです。この近辺には見かけませんが、わが領土内にあることは間違いありません。さきの季節にカルカッタにもたらされましたが、花の図は来季まで作成することができません。

ゴダヴァリ川はインドの東海岸、マドラスとカルカッタのちょうど中間の位置でベンガル湾にそそぐ大河である。

キッドはスコットランドの出身、一七六四年、一八歳のときに士官候補生としてインドに渡った。植物学の専門教育を受けたわけではなく、その意味では一介のアマチュアにすぎなかった。しかし、陸軍卿のいささかあやふやな注文にたいするかれの回答は、広範な実地の調査によって、かれがインドの植物にきわめてよく通じていたことを示している。現地語のわかるものにかんしてはそれを付記し、インドにおける産地を特定している。かれは一八種のうちの九種について種子・果実を用意し、そのうちの六種には花や葉の図を添えた。

キッドの回答は、種子とともに総督によって本国へ送られた。一七八七年四月八日付けの、陸軍卿ジョージ・ヤングからジョゼフ・バンクスに宛てられた手紙に、コーンウォリス卿からの「植物にかんする伝達文書」として言及されているものがおそらくそれだろう。

図 5-3
ジョージ・ヤング

文書はバンクスのもとに届けられ、バンクスはこのときはじめてカルカッタで進行している植物園の計画について知った。バンクスは驚いたはずである。翌月のバンクスから陸軍卿への返信に、カルカッタに植物園を設置するという「あなたの計画」が、総督と総督諮問会議（カウンシル）によってさきをこされた、とあるからである。

どうやらヤングとバンクスとのあいだで、カルカッタに植物園を設置する計画が独自に語られていたらしい。同じ手紙のうちにあるように、それは「東西インドのあいだで、現在はそのどちらかに限られている、人類の生存にとって有用な自然の産物を交換し、〔……〕同時に、あらゆる熱帯地域がそのいずれかに苦しめられているハリケーンと旱魃の恐るべき影響に抗しうる新しい資源をその住民にあたえる」ことを目的とした、熱帯間の植物移植のための東西の基地を、カリブ海のセント・ヴィンセント、インドのカルカッタの二つの植物園に置こうという計画であった。すでに、セント・ヴィンセントにはアリグザンダー・アンダーソンの植物園があった。まずここにインドの植物を導入しようとして、陸軍卿がベンガル総督に要請した手紙が、思いもかけず生誕まぎわのキッドの植物園に届いたわけである。

同じ年、イギリスのインド航路船に水や食料を供給する中間基地として、東インド会社が経営していた大西洋のセント・ヘレナ島には、エディンバラ植物園出身のヘンリー・ポーティアスによって植物園が建設されていた。この植物園は、この年の一月から準備が進められていた、南太平洋のタヒチ島から西インド諸島の砂糖植民地へのパンノキの輸送計画に利用されることになった。カルカッタの植物園の設置も、パンノキ輸送計画をわずかに修正させることになる。一七八七年、陸軍卿は、輸送船を指揮することになっていたウィリアム・ブライに、帰路スマトラ島に寄り、ベンガルに輸送するための植物をそこに残すよう命令を改めた。バンクスの、あるいはバンクスに宛てられた書簡という日付入りの資料をたよりに、イギリスが植民地に設けた植物園のことを調べていて不思議な思いに誘われるのは、暗合ともいってよいような、こうした時期の一致である。当時、イギリス本国からカリブ海の西インド植民地にはおよそ二カ月から三カ月、インドへは八カ月から一年以上の航海を要した。これだけの距離をおいて交わされる情報のラグに起因する、行き違いのようなものに接すると、よけいにその感を深める。同じ東インド会社の経営にかかる植物園であったにもかかわらず、セント・ヘレナ島のポーティアスの植物園のことをキッドは知らなかったようなのである。一七八七年六月に、到着したヨーロッパ産の果樹がすべて枯死していたのを知ったキッドは、セント・ヘレナに植物基地を置くこと

図 5-4
セント・ヘレナ島の植物園はこの谷の奥にあった

を会社に要請している〔図5-4〕。同じインドにあってさえ、マドラス管区で東インド会社のボタニストとしてインド南部で植物の採集にあたっていたウィリアム・ロクスバラは、一七九〇年一二月になってもカルカッタの植物園を知らず、バンクスへの手紙で、インドにおける植物園の必要を訴えていたのである。そのロクスバラが、のちにカルカッタ植物園の二代目の園長になった。

こうしてみるならば、植物園を利用した植物の東西熱帯地域間の交換というデザインは、たしかにバンクスやバンクスを科学行政にかんする私的顧問としていた本国政府のあいだで描かれたが、それはジャマイカやセント・ヴィンセントの西インド諸島の植物園、セント・ヘレナ、カルカッタの東インド会社の植物園が、それぞれの発意で、異なった動機のもとに、さまざまな形で簇生(そうせい)した、ほとんど同時多発といってよいような状況の、あとを追うようにして輪郭を明らかにしてきたデザインであったように思える。

ロンドンのキュー植物園に蟠居したバンクスの役割は、各地の植物園を中央から指揮することで植物園のネットワーク化をはかり、相互の植物交換を仲介することにほかならなかった。ロンドンの東インド会社本社も、カルカッタの植物園がそうした中枢に直結することに支持を与え、植物園から送られるキッドの報告を、逐次バンクスのもとに届けた。

四 茶の木の移植

一八世紀をつうじて、東インド会社が輸入する商品のうちに中国茶の占める割合はふえつづけた。一七六〇年にはすでに全輸入品のおよそ四割に達し、インド産キャラコをうわまわった。この傾向に拍車をかけたのが、一七八四年の首相ピットによる関税率の引き下げ(一一九パーセントの関税を一挙に一二・五パーセントに引き下げるというもの)である。イギリスにおける消費量も目に見えて増加し、かつて香気あふれる異国的な飲料としてたしなまれたものが、あらゆる階層の日常生活の一部となったのが、この時期であったといわれる。このことはふたたびイギリスに銀流出の問題をひきおこした。イギリスは中国にたいして輸出しうる適当な商品をもたなかったからである。

一七八八年の初頭、政府通産局（ボード・オブ・トレイド）の局長ホークスベリ卿は、「この国で消費される茶を、現在のようにすべて中国から輸入するのではなく、東西インドのわが領土で、茶樹を栽培し、茶の葉を加工することでその一部をまかなうことは不可能でしょうか」と、ジョゼフ・バンクスに茶樹移植の可能性について検討を依頼している。あらゆる疑問に自信をもって回答するバンクスにも、これは容易に答えられない問題であった。茶はいまだヨーロッパ人には多くが謎につつまれた植物だったからである。当時、シングロ茶・ハイソン茶の名で輸入された「緑の茶」と、ボヒー茶・コングー茶などの「黒い茶」が、はたして同じ植物であるかについてさえ議論があった。

一七七〇年に『東インドおよびその他の遠方の諸国から生育した状態で種子と苗木をもちきたるための指針』を著したジョン・エリスは、その差は土壌、栽培法、葉の摘みかたと乾燥のしかたに由来すると主張した。緑茶をボヒー地帯に植えればボヒー茶がとれ、またその逆もあるのだというように。スウェーデンのカール・リンネが茶の木を入手したのは、ようやく一七六三年のことであった。かれはそれを、航海中に種子から発芽させることに成功したスウェーデンの東インド会社船の船長から受け取った。リンネの親しい友人であったエリスは、リンネがウプサラ大学の植物園にこの植物を加えるために、どれほど苦労したかを紹介している。いくたびのこころみも、さまざまな事故に遭遇して、すべては航海中に失われてしまった。一七五五年ごろ、かれがついに入手に成功したと思った二本の木は、二年かけて開花させてみると、ケンペルがツバキとして紹介し、リンネ自身がカメリアと命名したものにほかならないとわかった。エリスは椿を茶と偽り、あるいは壺のなかで一度煎って、発芽の力を失った種子を高価に売りつける中国人の「狡猾さ」をなじり、繰り返し読者に警告している。

もっとも、茶の栽培に成功したイギリス人もいる。エセックス州アプトンの医師ジョン・フォザギルである。クェーカー教徒であったかれの三〇エーカーの庭園は、キュー植物園を凌駕し、バンクスは「国王のもの臣下のものを問わず、これほど多くの珍しく貴重な植物を集めた庭はない」と讃えた。ガラス温室のうちに三四〇〇種あまり、屋外の庭園に三〇〇〇種たらずの植物が集められていた。この庭で、一七七四年の秋に、五フィートの高さに育った茶の木は、みごとに花を咲かせた。フォザギルは、茶をアメリカ南部に導入することを構想し、そこへ苗木を送ったこともある。

一七八五年にフランス政府は、地中海のコルシカ島で茶の栽培の実験を行なった。バンクスはホークスベリ卿の質問に答えてそのことを卿につたえたが、その成否の結果についてはまだかれも情報を得ていなかった。だが、いずれにせよ、植物の移植についてバンクスはつねにそれを推進する立場にある。ホークスベリ卿への回答は、「茶にかんする覚書」として、一七八八年の秋にロンドンの東インド会社本社に提出された。そのなかでバンクスは、中国では「黒い茶」は北緯二六度から三〇度、「緑の茶」は北緯三〇度から三四度のあいだで栽培されるとし、それと同一気候にあたるインドのベンガルからブータンまでを候補地に挙げた。緯度からいえば南にすぎるが、ヒマラヤ南面の傾斜地では幅広い気候が得られるからである。問題は栽培、製茶、品質判定のエキスパートを得ること。そのためにかれは、経験をもつ中国ホーナンの人をカルカッタに移住させ、この地の植物園で、「有能で倦むことを知らない」植物園園長の監督のもとにおくことを勧める。まず低品質のものからはじめ、それが馴化するのを見て、しだいに高品質の品種を導入し、やがて二〇エーカーの種苗園に栽培を広げる。

ロバート・キッドが最初に植物園を構想したとき、すでに緑茶・ボヒー茶の導入が計画の一部にあったことはすでに見たとおりである。当初から、かれは中国の植物、とりわけ果樹、桑、茶の導入に熱心であった。一七八八年の一月には、広東で業務にあたる東インド会社の貨物上乗り人が、「白い蚕」に適した桑の種類を教えないことを責め、またかれらが、近くで茶の栽培が行なわれているリンポーと通信を再開し、苗木を購入し、栽培に熟練した現地の人を得るべきだと主張している。数日後には茶の木が送られてきたが、東にくくられたそれは萎れていた。貨物上乗り人が、自らの手で茶の苗木を樽に植えるように命令して欲しいとかれは会社に要求する。その後も、かれの報告には苗木のパッキングのまずさにたいする非難が繰り返されている。だが、遅くとも一七八九年の九月には、広東からの茶樹が植物園で生長していたことはたしかである。

カルカッタの茶の木が植物園の外に出て、畑で栽培されることはなかった。インドで茶が商業的に栽培されるようになるのは、一八二三年にブルース兄弟によって、アッサムの野生の茶の樹が発見されて後のことである。一八八〇年代、セイロン島の茶のプランテーションが本格化し、中国茶にとってかわるまで、茶はあいかわらず中国から輸入されつづけた。その代価にインド産のアヘンがあてられるようになったことは、よく知られているとおりである。私貿易商人の手を借りてではあるが、イギリス東インド会社による中国へのアヘンの輸出が本格化するのは一七九〇年代のことであった。カルカッタ植物園の茶樹がちょうど生長しはじめていたころである。アヘンを産するケシが植物園で栽培されていたかどうかはわからない。

一七八九年一〇月、キッドは園丁の雇用を会社にもとめ、トマス・ヒューズを推薦した。キッドの園長職は無報酬であったが、ヒューズには年一〇〇ポンドの俸給のうえに、食事、宿舎があてがわれ、月二〇〇ルピーの医療手当も認められた。キッドの健康はさらに悪化していた。この年の一一月、キッドとしては最後の植物園の経済植物にかんする報告が提出されている。クローヴ、ナツメグ、モカ・コーヒーがいまだ未入手であるとしていた。翌年の報告はヒューズが行なった。キッドは実務を去り、一七九三年にカルカッタで亡くなった。この間に会社は、「マイソールの虎」と呼ばれた太守ティプーと戦い、インド南部の大部分を併合していた。キッドは、ベンガルに植物を集めることで、会社領土のいたずらな膨張が不要になると考えたが、イギリスによるインド支配はさらに拡大をつづけたのである。

追記――キッドが入手した肉桂は、おそらくインドで古くからタマーラと呼ばれた種類（*Cinamomum tamala*）のものであっただろう。これはヒマラヤの南面の高地地方、ネパールからアッサムにかけて自生する。セイロン産の肉桂（*C. zeyleanicum*）とは同属異種であるが、とくに葉に香気があり、古くサンスクリット語でテジャ・パトラ（香りのよい葉）とも呼ばれた。ここからベンガル語のテジュパト（tejpat）が由来する（山田憲太郎『香料博物事典』）。キッドが聞いたタジェ・パト（tage pat）はこれだろう。

第六章

植物学の同胞

インドの植物園と大英帝国・2

一 マラバール海岸

インド亜大陸の南部、南の海に垂れ下るような形をしたあたりの、西の海岸をマラバール海岸、東の海岸をコロマンデル海岸という。バスコ・ダ・ガマが喜望峰を経由して、はじめてインドへ到達したのが、マラバール海岸のカリカット。その後ポルトガル人はこの海岸の北にゴアを建設し、胡椒貿易の拠点とした。マラバール海岸は、その背後に、海岸とほとんど並行して南北に走る山脈をもつ。海抜二〇〇〇メートルを超えるこの山地の西の裾野は、インドにおける胡椒の最大産地であった。

インド亜大陸の植物についてヨーロッパ人が得た情報も、当初、マラバール海岸に限定されていた。ポルトガル人医師ガルシア・ダ・オルタは、ゴアに私的な植物園を築いて、マラバールで採集した植物を栽培し、現地の薬種商や宮廷医師から植物の薬効と処方にかんする知識を集めて『インド薬草薬物対話』を著した。『対話』はゴアの印刷所で印刷されたが、スペインを旅行したフラマン人の植物学者シャルル・ド・レクリュズがその一書を発見し、ダイジェスト版を編んでアントワープで出版した。

ゴアの大司教の秘書として一五八三年にインドに赴いたオランダ人ヤン・ホイフェン・ファン・リンスホーテンは、帰国後の一五九六年に『東方案内記』を著す。『東方案内記』は、ポルトガルが勢力を広げていたインド、東南アジアの地理と、ポルトガル人の貿易の実情を報告したものだが、薬用植物をはじめ、香料、熱帯果実などの経済植物にかんする記述にも多くのページが割かれている。植物についてはオルタに依拠するところが大きい。リンスホーテンを、「緑のカーテン」のかなたにある植物情報を収集するために、オランダがインドに送り込んだスパイだとする説もある。『東方案内記』は一五九八年に英訳され、ただちに財貨に変ずる熱帯植物の夢をイギリス人のあいだにかきたてた。イギリスに東インド会社が誕生したのは、その二年後のことである。

南インドの植物相そのものの調査と記録が開始されたのも、マラバール海岸においてである。オランダのマラバール総督ヘンドリク・ファン・レーデは、一六六九年のコーチンへの赴任後、住民や土地の医師の手を借りて植物の収集を開始した。すでにマラバールでは、ナポリ出身のカルメル会宣教師マテウス神父が、植物の採集を行なっていた。ファン・レーデは神父の協力を得、また現地語で集められた個々の植物の解説は、まずポルトガル人通訳によってポルトガル語に翻訳され、そこからラテン語に訳された。植物はインド人画家によって形を写しとられ、そうして集められた図と解説がオランダに送られた。オランダでは、ライデン大学の植物学教授セインが、そしてその没後はアムステルダムの植物園長ヤン・コメリンが校閲し、一六七八年に印刷・出版が始まった。これがはじめてのインド植物誌『マラバール植物誌』である。『マラバール植物誌』は、一六九三年に第一二巻を刊行して完成した。収められた七九四点の図版のほとんどは、フォリオ版の見開き二ページ大に描かれている。京都大学理学部植物学教室所蔵本を見るに、彩色こそないが、オランダ人彫版師の手になる金属版図版の線は雄勁で、熱帯の植物の圧倒的存在感をつたえる。正確でしかも幻想的である。

『マラバール植物誌』の刊行は、ファン・レーデの指揮のもとに、現地の植民地行政官と採集者、本国の植物学者と植民地との緻密な連携があってはじめて可能であったといえる。

ファン・レーデやかれの現地の協力者はいずれも植物学のアマチュアにすぎなかったが、同じころ、ライデン大学に学んだザクセン出身のドイツ人植物学者パウル・ヘルマンは、オランダの植民地であったセイロン島に渡り、ここで植物の採集を行なった。かれは採集した植物を四巻の腊葉（さくよう）標本にまとめ、四五〇枚の写生図を作成した。ヘルマンは、セインの後をついでライデン大学の植物学教授に就任し、この大学の植物園にガラス温室を設けて熱帯植物を栽培した。かれの腊葉標本はその後、アムステルダムの植物園長ヨハネス・ビュルマンが、『セイロン島宝典』(一七三七)を著すのに利用された。ビュルマンは、スウェーデンのツュンベリ(ツンベルク)に日本渡航を勧めた人物である。ヘルマンの腊葉標本はその後行方が知れなかったが、コペンハーゲンで発見され、ウプサラのリンネのもとに送られた。リンネはこれをもとに一七四七年『セイロン植物誌』を著した。リンネの没後、この標本は、ジョゼフ・バンクスの所有に帰し、いまはロンドンの自然史博物館に収められている。ドイツ人の手でセイロン島で採集された標本が、オランダ、デンマーク、スウェーデン、イギリスと国境をこえて移動したわけである。

二 コロマンデル海岸

マラバール海岸と南のセイロン島の植物相は、こうして知られるようになったが、いっぽう東のコロマンデル海岸は、未知のままにおかれていた。コロマンデル海岸にヨーロッパ人が足を踏み入れなかったわけではない。マラッカ海峡の支配権をポルトガルから奪い、モルッカ(香料)諸島からイギリス勢力を駆逐して東南アジアのクローヴ、ナツメグなどの香料植物の独占に成功したオランダは、その対価とするため、これらの島々に輸送する綿布、米の主産地であるコロマンデル海岸での貿易を重視していた。オランダは主にこの海岸のマウスリパタムに拠り、イギリスはその南にマドラス(セント・ジョージ要塞)を建設、フランスはポンディシェリ、デンマークはトランケバールと、それぞれの定住地を有しており、この海岸をもつカルナティック地方は、ヨーロッパ諸国の海外進出のもくろみが錯綜する地域であった。

ヨーハン・ゲルハルト・ケーニヒは、トランケバールのデンマーク人定住地の医師として、一七六八年にインドへやってきた。ケーニヒは、バルト海に面したラトヴィア出身の、おそらくドイツ人である。ウプサラのリンネのもとで学んだケーニヒは、ツュンベリと同様に、世界の植物の目録を完成し、空白を埋めるために、リンネが世界に派遣した数多くの「リンネの使徒」の一人であった。かれのほんとうの目的は、コロマンデル海岸における植物の採集にあり、その機会をあたえてくれるあらゆる手蔓に無関心でいなかった。カルナティックのアルコットのインド人太守に博物学者として雇われ、カルナティックの高原地帯やセイロンにも植物採集旅行を行なっている。

ケーニヒはマドラスにも滞在し、イギリス人と交友をもった。一七七四年にはジョゼフ・バンクスの秘書をしていたダニエル・ソランダー（かれもリンネの学生であった）と通信を開始し、ソランダーを通じてバンクスのもとに植物を送った。一七七八年にイギリス東インド会社のマドラス管区は、ケーニヒを会社のボタニストとして雇用し、この年の八月から翌年末にかけて、ケーニヒにタイとマラッカ海峡の植物・鉱物資源の調査にあたらせた。

ところで、ケーニヒが「同胞会」(United Brothers)という名の、植物採集者のグループの中心にあったとする説がある。たとえばいま手もとにあるインド国立アカデミー発行の『インド科学小史』(一九七二)はつぎのように記している。「かれは、『同胞会』という名の下に、植物研究に関心をいだく小さなグループを組織したらしい。かれらは、植物を採集し、標本を交換し、それらの正しい分類名を確定するためにヨーロッパに送った」

一八世紀後半の南インドに、植物の交換を行なう秘密結社めいた組織が存在したことを想像するのは魅力的であるが、事実とは思えない。「同胞会」(Unitas Fratrum)は、この時期インドへの布教を開始していたプロテスタントの一宗派、モラヴィア教団の呼称であるはずだからだ。

モラヴィア教団は、一四一五年のフスの焚殺後にベーメン(ボヘミア)に興ったボヘミア同胞会の流れをくむ。三〇年戦争で、ベーメン、モラヴィアのプロテスタント勢力は敗退し、同胞会は秘密結社化していたが、一七二二年にオーストリアの亡命貴族のジンゼンドルフ伯によって復活され、ヘルンフートに宗教コミューンを築いた。特筆すべきことは、この教団が、わずか六〇〇人の会員しかいなかった時期に、世界布教の活動を開始していることである。一七三二年にジンゼンドルフ伯は、西インド諸島の黒人奴隷の窮状にかんするアピールを行ない、オランダ領西インドに宣教師を派遣した。一七六〇年までにモラヴィア教団は、二二六人の宣教師を非キリスト教世界に送り出していた。インドにおける初期の教団布教の拠点がトランケバールであった。ケーニヒが、トランケバールで医師として教団にかかわりをもった可能性は否定できない。だがかれが教団員であったとする証拠は得られない。

もっとも、モラヴィア教団の宣教師たちも、どうやらトランケバール周辺で植物採集を行なっていたらしいのである。一七七五年八月、バンクスの秘書ダニエル・ソランダーが、ロンドンからヨークシャーに滞在中のバンクスに宛てた手紙につぎのようにある（ちなみに、このときバンクスは、クック船長がタヒチ航海で連れかえり、優雅なふるまいで「高貴な野蛮人」の目に見える見本となったタヒチ人、オマイとともに旅行していた）。

「さきの手紙でおつたえしました植物を、ハーロック氏がお屋敷に送ってまいりました。トランケバールの周辺でモラヴィアの同胞（Bretern of Moravians）の人々が採集したものですが、これまで私が見た標本のなかでも、最良のものです。〔……〕ケーニヒ氏の植物は（台紙に）貼りつけました。きれいな格好になったと考えます。しかしこれらの植物のほうが一〇〇パーセントうわまわっています。あなたがロンドンへお帰りになるまで、手を触れないつもりでいます。数を数えて、支払いをしなければならないと思うからです。三〇〇から四〇〇というところでしょうか」

この手紙は、バンクス書簡にインドの植物が言及される最初のものである。そして明らかにケーニヒと「同胞会」を別個のものとして扱っている。しかし「同胞会」の名は別として、ケーニヒがコロマンデル海岸で、植物に関心をいだく数人に出会い、採集行をともにしたり、植物標本を交換したりする小さなネットワークをこしらえていたことは確かである。そのなかに、イギリス東インド会社セント・ジョージ要塞の軍医ジェイムズ・アンダーソン、マドラスの病院勤務医ウィリアム・ロクスバラ、そしてパトリック・ラッセルがいた。

三 ケーニヒの「同胞」

パトリック・ラッセルはスコットランドの出身。長兄のアリグザンダーは、シリアのアレッポに滞在して『アレッポ博物誌』(一七九四)を著した。パトリックは、インドのヴィザガパタムに駐在していた東インド会社官吏の弟のつてをたより、一七八二年にインドへ渡航した。その年のうちにラッセルはケーニヒに会い、ケーニヒがコロマンデルで採集した植物の標本とカタログをプレゼントされている。二人の親交は急速に深まったらしく、一七八四年にもケーニヒは、弟クロードのもとにいたラッセルをヴィザガパタムに訪問した。ここでラッセルは、本国の東インド会社幹部会にケーニヒが作成した植物の図録を送り、また手稿をふさわしい人の手に渡るよう預託することを薦めた。健康を害していたケーニヒは、カルカッタからの帰路、再度ヴィザガパタムを訪問し、この地で没した。

東インド会社マドラス管区は、ケーニヒの後継のボタニストにラッセルを選んだ。かれは本国の東インド会社本社に、インドにおける博物学研究の改革に関する書類を提出している。この書類は、カルカッタ植物園のキッドの最初の植物園報告とともに、バンクスのもとに届けられ、一七八八年一一月、バンクスはもとめられた意見を会社に伝えた。そのなかで、バンクスは医薬・工業用植物の図譜の刊行を会社に提案した。それは、ちょうどこの年刊行を開始したウィリアム・カーティスの『ロンドン花譜』を範として、各分冊に植物二〇点ずつを収めることとし、コスト計算を行なって、販売してじゅうぶんに採算がとれるはずであると指摘している。

かれの名を記念したラッセルクサリヘビで知られるように、パトリック・ラッセルの本来の関心は爬虫類にあった。一七八九年にはかれは、東インド会社のボタニストの職を辞し、イギリスへ帰国する。辞任にあたって、やはりケーニヒの古い友人であったロクスバラを、「この海岸にあって、資格を有するただ一人の人物」として後継者に推薦した。

図6-1
パトリック・ラッセル

　ロクスバラは、スコットランドでエディンバラ植物園のジョン・ホープに学んだ。一七七六年にマドラスの病院に勤務し、翌年からバンクスへの植物送付を開始している。ケーニヒとはこのマドラスで知りあった。一七八一年には、東インド会社の直轄領土となっていた北サーカースのサマルコッタの軍隊駐屯地に配属され、ここに植物園を設けた。かれの植物園では、シナモンをはじめ、かれがはじめてコロマンデルで野生種を発見した胡椒、コーヒー、パンノキ、桑などが栽培され、絹や砂糖の実験的な生産も試みられていた。

　ロクスバラはかれの手元に残された、コロマンデルの植物に関するケーニヒの手稿を整理し、かれがインド人画家に描かせた植物図とともに本国へ送った。最初の包みは一七九一年に届き、その後もつづけて到着して、一七九四年にはそれらは五〇〇〇点に達した。バンクスがそのうちから、経済的価値の高いと思われる一〇〇点を選び、東インド会社の費用で出版した。これが『コロマンデル海岸の植物』第一

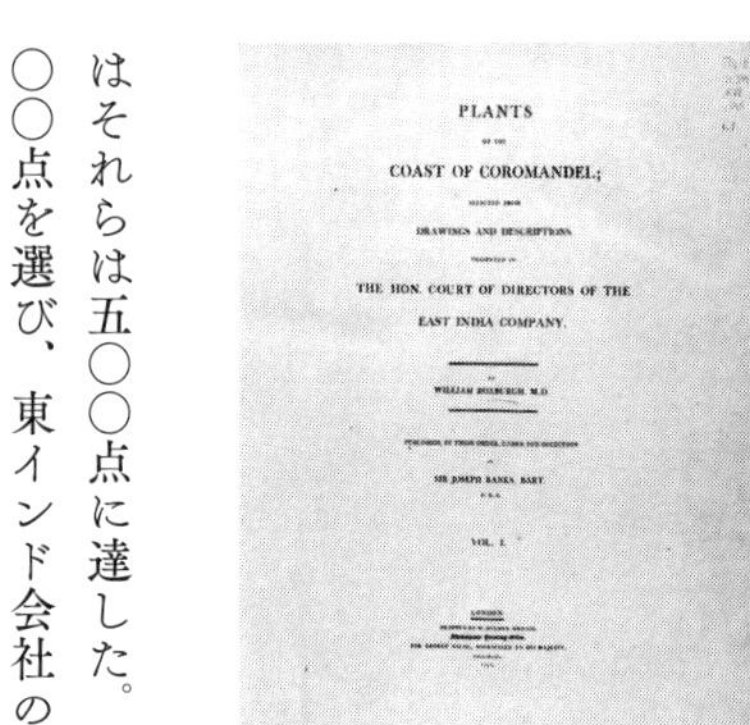
PLANTS
COAST OF COROMANDEL;
DRAWINGS AND DESCRIPTIONS
THE HON. COURT OF DIRECTORS OF THE
EAST INDIA COMPANY.
WILLIAM ROXBURGH, M.D.
SIR JOSEPH BANKS, BART.
VOL. I.
LONDON

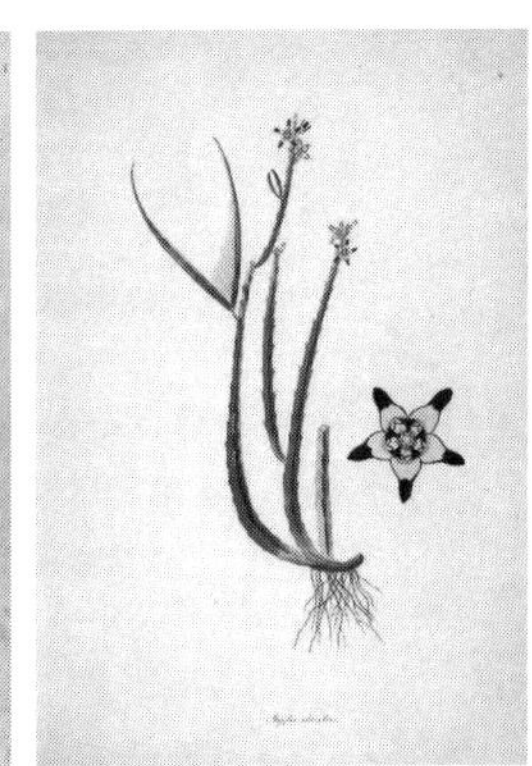

図 6-2
ウィリアム・ロクスバラ『コロマンデル海岸の植物』より

巻［図6－2］である。第二巻は一七九八年に刊行されたが、最後の第三巻が出版されたのは、ロクスバラの死後の一八一九年であった。『コロマンデル海岸の植物』の著者はロクスバラであるが、『マラバール植物誌』の場合と同じように、これも植民地と本国の多くの人々の、しかも国籍を超えた協力によって成ったものである。第一巻にラッセルが付した序文は、もっぱらケーニヒを称揚し、これがケーニヒの遺産であることを示している。

カルカッタ植物園のロバート・キッドの死後、二代目の園長に採用されるのがロクスバラである。だが舞台をカルカッタに移す前に、ケーニヒの「同胞」のもう一人、ジェイムズ・アンダーソンについてみておこう。

アンダーソンもロクスバラ同様、エディンバラ大学で医学の学位を得てマドラスのセント・ジョージ要塞付きの軍医として赴任した。一七八八年、かれは会社にコチニール・サボテン［図6－3］をはじめとする有用植物栽培用の土地を購入することを提言し、総督の承認を得た。ただちに要塞にすぐ接するマーモロンに候補地をみつけ、建設費用、維持経費についても会社政府の承認をとりつけた。アンダーソンは甥のアンドルー・ベリーを園長に推薦したが、事実上の管理責任は、アンダーソンが負いつづけたようである。八九年の四月には庭園のレイアウトを終え、周壁となる生け垣も完成した。この植物園は、ノウパルリ（サボテン園）［図6－4］と呼ばれ、ロンドンのキュー植物園や中国などからとりよせたウチワサボテンを主に栽培した。

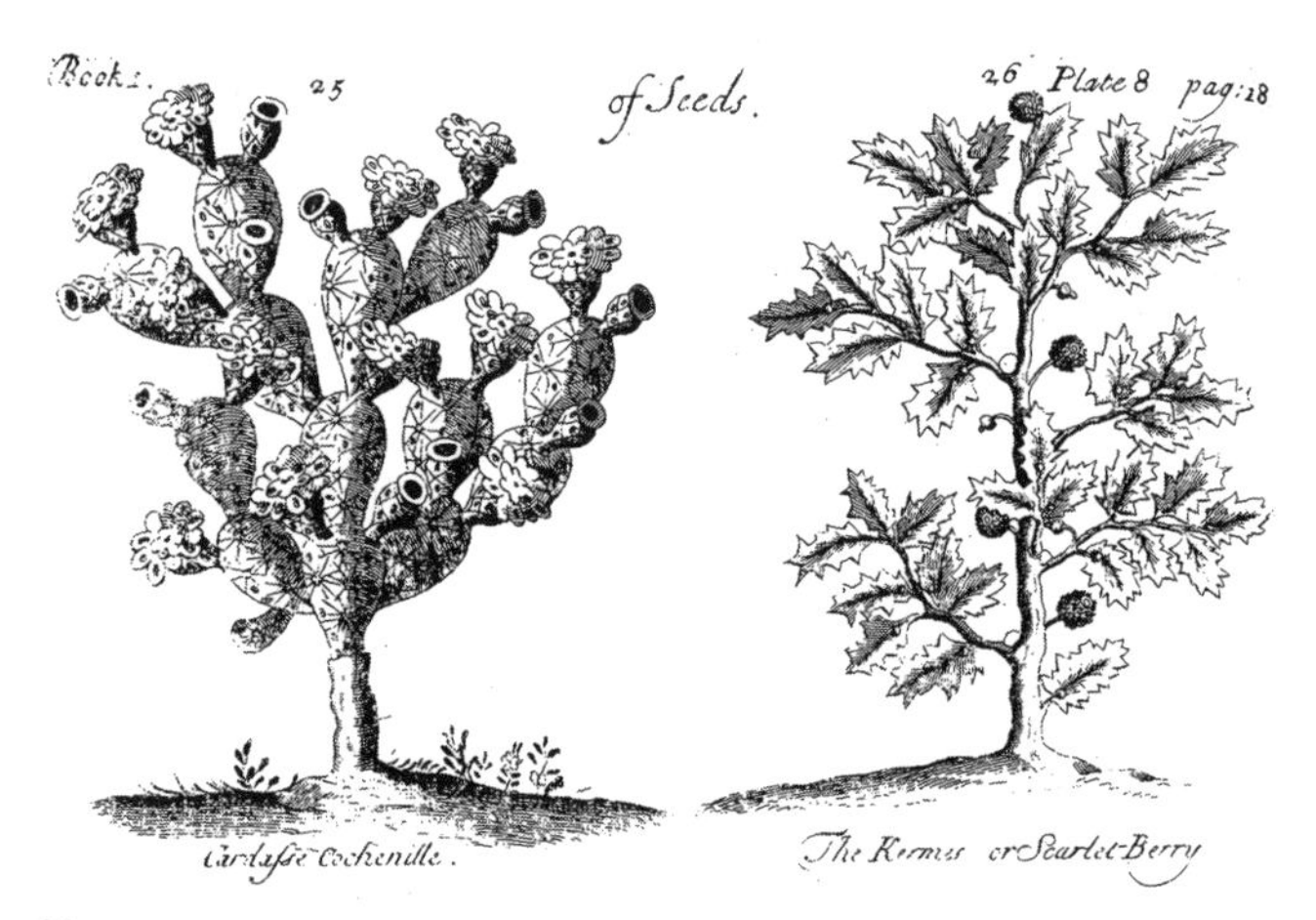

図 6-3
コチニール・サボテン（Pierre Pomet, *A Compleat History of Drugs*, 1712, 1970 より）。
フランス人のポメは，いまだコチニールの原料が昆虫であることを疑っていた

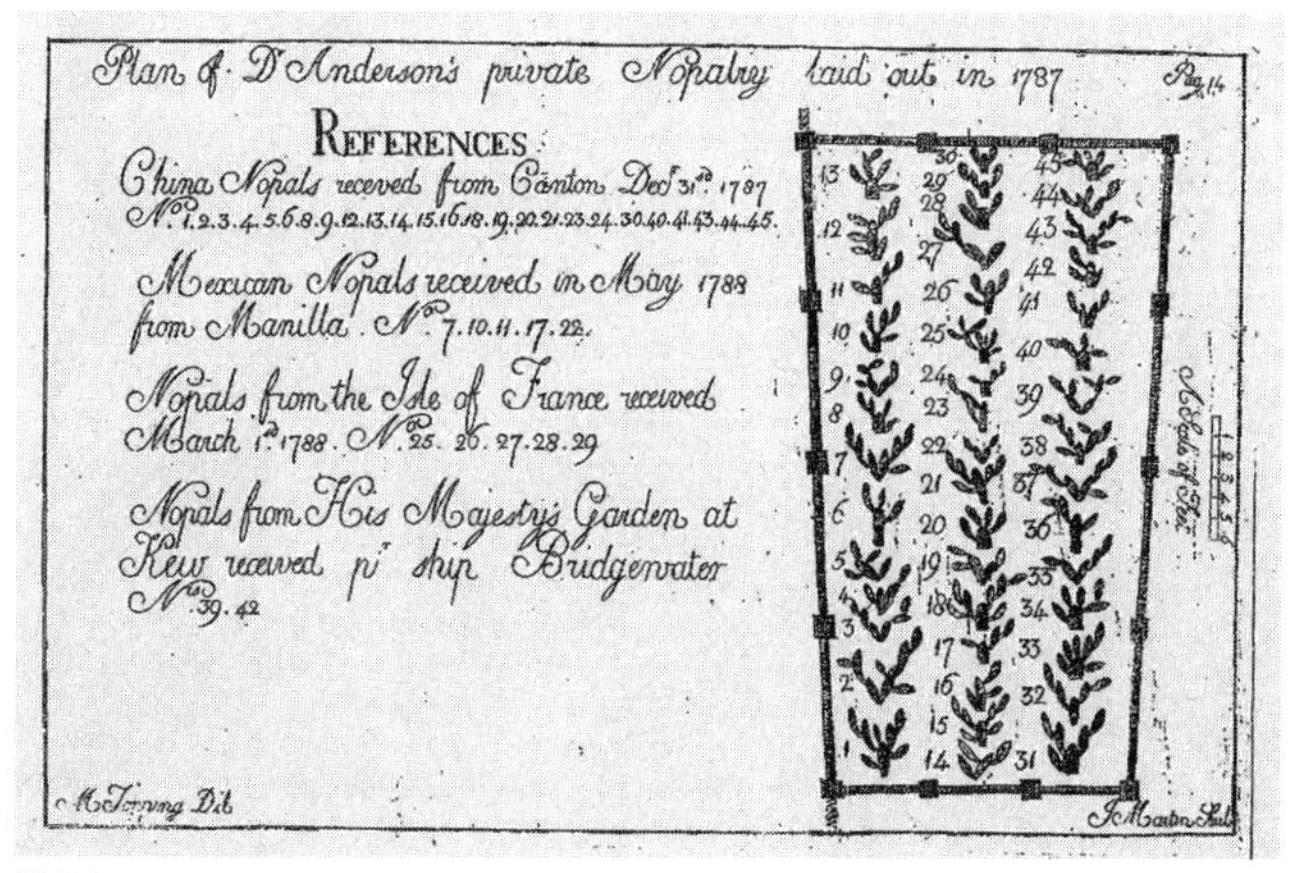

図 6-4
マドラスのノウパルリ

赤色染料のコチニールの生産のためには、サボテンに寄生するコチニール・カイガラムシが必要である。東インド会社はそのために協力を惜しまず、一七九一年には会社船ブリッジウォーター号のパーカー船長に、インド航海への途中、南米のリオ・デ・ジャネイロに寄港して、カイガラムシの採集にあたることを命じた。船上での昆虫の飼育にかんしては、バンクスが指令書を作成した。この指令書は、のちに他の船舶に対しても配布された。オーストラリアのボタニー湾への、最初の流刑囚輸送船団も、途中ブラジルでカイガラムシとサボテンを採集し、マドラス行きの船に積みかえるために、それを喜望峰に残してオーストラリアに発った。

サボテンと昆虫は、現地の農民にも配布され、一七九四年には最初のマドラス産コチニールがイギリスへ輸出され、九八年から九九年にかけては、五万五〇〇〇ポンド（重量）が輸出されるまでに、コチニール産業は成長した。これは一七八四年にロンドン港に荷揚げされたコチニールの量およそ三〇万ポンド（すべてスペイン領アメリカ産）の六分の一にあたる。ロンドン市場でマドラス産コチニールは、高い関税のかかるアメリカ産のものの半分以下の価格で取り引きされた。

もっともアンダーソンの庭園は、サボテンだけを栽培していたわけではない。ロンドンのキュー植物園の古文書室に、マドラスのアンダーソンが大西洋のセント・ヘレナ島の総督ロバート・ブルックに宛てた書簡が五通残されている。一七九一年の一月から翌年の一月までの約一年間に、アンダーソンのもとからセント・ヘレナに、「ワイン・チェスト」や素焼きの容器に容れられて輸送された植物に添えられた添え状である（じつはこれは、誤って、同姓のセント・ヴィンセント島植物園長アリグザンダー・アンダーソンが、同じ年に陸軍大臣にさしだした報告といっしょに整理され、一括して製本されている。セント・ヴィンセント発の通信と思って読みはじめたわたしは、おおいに混乱した）。

この一年間にノウパルリからセント・ヘレナへ、ジャックフルートやマンゴー、グァヴァ、バンレイシなどの熱帯果樹、建築用材や燃料となるミモザ、ティーク、インドボダイジュなどの樹木、ガルデニアなど園芸植物の種子・苗木が送られたことがわかる。ウチワサボテンは、カイガラムシの宿主としてではなく、食用の野菜としてもすすめられている。「コヴェント・ガーデンに供給されるアスパラガスより多くの、やわらかいサボテンの芽がメキシコ王国の市場には供され、食卓にのぼっています」

イギリス船舶の大西洋上の寄港地として、水・食料などを供給する重要な基地でありながら、狭い土地でむしろつねに食料不足になやまされていたセント・ヘレナ島の実情をよく知った選択であったかもしれない。もっとも五通めの手紙でアンダーソンは「私の確固たる意図は、この島々にアジアの選り抜きの産物を降り注ぐことです。ポーティアス（セント・ヘレナ植物園長）氏の報告にあるように、この種のものはすべて成功するはずですから」と記してもいる。

四 ロクスバラ

ウィリアム・ロクスバラは一七九三年にベンガルに転じ、カルカッタ植物園長に就任した。会社マドラス管区のボタニストの地位と、サマルコッタの植物園は、モラヴィア同胞会の宣教師ベンジャミン・ヘインが受け継いだ。ロクスバラは、カルカッタでインド植物の系統的研究をはじめて行ない、インドのリンネといわれることになる。

一七九五年には園内に園長公邸を建設し、その地下に腊葉標本室を置いた。自身はもはや採集におもむくことはなかったが、インド在住のイギリス人に呼びかけ、多くの植物を植物園に収集した。一七九五年にキュー植物園から派遣された園丁クリストファ・スミス（かれはバウンティ号のパンノキ遠征に参加した）を、イギリスがオランダから奪ったばかりの香料諸島に送り、待望のナツメグとクローヴを採集させた。同じく九五年から翌年にかけて、キャプテン・サイムズのビルマ王室への使節に同行したフランシス・ブキャナンは、採取した植物標本と写生図、種子をロクスバラのもとに届けた。

ロクスバラは植物園に、八〇〇種以上の樹木と、二二〇〇種以上の花卉とを導入した。こうしてカルカッタ植物園に集められた植物の種類は、ロクスバラがインドを去った一八一四年には三五〇〇種にものぼった。かれは美しく色彩をほどこした植物の画を、インド人画家に描かせた。二五三三枚にものぼったこのインド産植物のオリジナル図譜は、フォリオ版三五巻に製本されて、現在もカルカッタ植物園に保存されている。

いっぽう、かれは現地と本国の東インド会社、そしてバンクスとこの植物園の創設者キッドが構想した、植民地植物園の戦略的な位置についても、じゅうぶんな配慮を怠らなかった。かれのカルカッタ着任後三日めにあたる一七九三年一二月一日に、本国へ出発する東インド会社船に、キュー植物園のバンクスに宛てて植物の輸送を託す。ロクスバラは、それに添えた書簡でバンクスに、本国東インド会社がアメリカ、西インド産の植物をカルカッタへ送るよう助言することを依頼した。

カルカッタから本国への植物輸送は、ほとんど毎年つづけられた。一七九七年七月には、「貴重な草の種」がその他の植物とともに積み込まれたが、これは西インドへ牧草として移植するためのものであった。同じ年の一一月に、アルビオン号の船医ブラウンに託された「一七〇種類の種子と二箱の苗木」は、翌年の六月にロンドンに到着した。このなかには、ヨーロッパにはじめて送られたナツメグが含まれていた。ナツメグは、上陸するまでは元気であったが、キュー植物園に発送するまえに生じたトラブルのために枯死した。東インド会社の保税倉庫の検査官マクリーンがバンクスに宛てた書簡の余白にバンクスは、「植物はまだ届いていない。〔……〕総裁のやつめ。あの男の違約は、盗みに等しい」と、おさえきれない忿懣（ふんまん）を書きつけている。このナツメグは、おそらくスミスが香料諸島から採集してきたものであった。この年の一二月、ベンガルの東インド会社政府は、本国に宛てて、植物園に八〇〇〇本のナツメグが成育していること、そしてすでにベンガル各地の農場主に二〇〇〇本を配布したことを報告している。

ロクスバラはまた植民地経済に資する物産の開発にも心を注いだ。植物園で栽培したケシから阿片を製造し、それがトルコ産の阿片におとらぬ純度を有するかを試験するために本国へ発送し、またコチニール染料のサンプルも本国へ提出した。しかし、ロクスバラが最も有望であると考えていたのは、ティークと麻である。

ティークの栽培は、一七八一年にはじめて五〇〇〇トンのヨーロッパ型の木造船が建造されて以来、造船業の中心となりつつあったにもかかわらず、適当な船舶材が周辺に不足していたカルカッタ現地の事情に適応したものであった。植物園の一部がティークの種苗園にあてられた。

麻の栽培は本国からの要請によるところが大きい。麻・亜麻繊維は、帆布・索具といった船舶資材に用いられたが、当時、イギリスへペテルブルクから輸入されていた麻の品質低下が懸念されていた。白ロシア産の良質の麻がロシアの黒海艦隊にまわされていたからである。一七九三年にはじまったフランスとの戦争は、バルト海貿易への依存の危険を明らかにしていた。この問題は、イギリスの海上覇権にとってのアキレス腱とみなされていたのである。ベンガルでの製麻産業の育成が考えられた。ロクスバラはすでにサマルコッタ時代に大麻の栽培を試みていたが、一七九六年以降、数種の麻を植物園で栽培し、東インド会社がベンガルで大麻プランテーションの実験を行なわせるために派遣した植物学者ジョージ・シンクレアに協力した。それだけでなく、現地の植物に通暁したロクスバラは、その他の繊維植物の強度検査を行ない、一八〇四年にその結果をロンドンの勧業協会の機関誌『トランザクションズ・オブ・ザ・ソサエティ・オブ・アーツ』に報告もしている。ロクスバラが着目したジュート麻は、のちに、イギリスでその機械紡績技術が開発されて、ベンガルの主要産品としてイギリスに輸出されることになる。

五 ウィリアム・ケアリ

カルカッタ植物園の植物カタログと、ロクスバラの畢生のといってよいであろう『インド植物誌』三巻(一八三二)は、いずれもロクスバラが帰国した後に、インドのセランポアで出版された。かれが残した手稿から、それを編集・出版したのはウィリアム・ケアリである。この人物の日本語で書かれた伝記を、ゆくりなくも神戸の古本屋で発見した。千葉勇五郎『ウヰリアム・ケァレー』(一九三五)がそれで、福音書館から出版されている。

ケアリはバプテスト派の牧師で、インド人のあいだにキリスト教を布教するためにインドへ渡った最初のイギリス人であった。伝記は、その苦闘を記したものであるが、とくに

「植物栽培者」の章を設けて、ケアリの植物学・園芸とのかかわり、ロクスバラとの交友についても詳しく紹介している。ケアリは一七九三年にベンガルに到着し、布教の資金を調達するためにムトナパテで製藍事業に従事した。ここに、かれが「ベンガルで最良の」と自賛した私的な植物園を置き、採集した植物を栽培するかたわら、イギリスからもイチハツ、アマリリスなど園芸植物を導入した。ロクスバラに一一六種の植物の標本を、ベンガル語名を付して送り、その学名を訊ねて、「このように沢山のお願いをするのは恥ずかしいのですが、植物学者というものは通信が好きなのです」とかれは書いた。一七九七年にブータンへ旅行したさいには、採集した二四種の植物を、ロクスバラのもとに届けている。

一八〇〇年にケアリはセランポアに移住し、ここで本格的な布教を開始した。セランポアはカルカッタからフグリ川をさかのぼったところにある。船で二時間の距離であるが、デンマーク人の居住地であった。イギリス東インド会社は会社領でのキリスト教宣教を許さず、ベンガルでただこの都市のみが、ケアリが自由に布教を行なうことのできる場所であった。そしてこの地にベンガル語訳聖書を印刷するためにケアリが設立した印刷所で、ロクスバラの『インド植物誌』も印刷されたのである。

植民地植物園をめぐる本書においては、植物資源の外国への依存を回避し、帝国内での自給をめざす「帝国の意志」の実行機関として植物園がはたす役割をつねに念頭において書いている。だが、インド現地で、じっさいに植物の研究に従事した人々の、もつれあうような因縁の糸をたぐるとき、むしろ目につくのは国籍をこえた、ある種の連携である。かれらの多くは、帝国の植物政策の中枢にあった本国のジョゼフ・バンクスがはりめぐらした植物の収集・交換のネットワークの末端にあった。だが同時に、かれらはしばしば、「リンネの使徒」に代表されるような、科学者の国際的な「共同体」に属してもいたのである。バンクスその人が、植物資源の独占をひそかに画策しながら、科学としての植物学の国家的独占がけっしてありえないことをじゅうぶんに承知しており、「善意」の科学者を演じて、国際的な協力をかちえていたのである。

さらにもう一つの国際的な運動。自然界の調和的なはたらきのなかに、創造主の無限の摂理をみいだしていたプロテスタンティズムの世界布教も、どうやら植物研究の国際的ネットワークを形成していたようである。だが科学の「共同体」や、プロテスタンティズムについては、これ以上論じる余裕がない。ここでは、おそらくそれらと、「帝国」というシステムのはざまに存在するもう一つのネットワークについて確認することができるのみである。

本章に登場する「イギリス人」のほとんどが、じつはスコットランド人であることに気がつかれただろうか。カルカッタ植物園の初代園長キッド、そのあとを継いだロクスバラ、ロクスバラのあと短期間ではあるが、植物園長の地位に就いたブキャナン、ケーニヒの「同胞」ラッセル、アンダーソン。キュー植物園から派遣された園丁クリストファ・スミス。いずれもそうである。

　同じ時期にカリブ海の英領植民地におかれた植物園の園長たち、セント・ヴィンセント島のアリグザンダー・アンダーソン、ジャマイカのトマス・クラークがやはりスコットランド出身であることをあわせて考えてみれば、これがいかなる意味においても偶然であったとは思えない。

　かれらのうちのある者は、エディンバラ大学の医学教授で、この都市の植物園長であったジョン・ホープの弟子である。ホープの教室からは、ほかにも、バンクーヴァーの東太平洋航海に同行したプラント・コレクター、アーチボルド・メンジーズや、リンネの死後、その手稿と標本を購入してロンドンにリンネ協会を設立したJ・E・スミスも輩出している。だが、この異常とも思える集中を、ホープ一人の影響に帰すこともできない。

　一七〇七年のイングランドとの合邦後も、そのすぐれた文化を誇りながらも、イギリス国内のケルト的辺境の地位におかれ、有形無形の差別を受

図 6-5
セント・ヴィンセント島王立植物園の園長
アリグザンダー・アンダーソン

けつづけたスコットランド人が、知的トレーニングを生かしてキャリアを獲得する戦場が、まさに植民地領土にあったということだろう。帝国の科学としての植物学の高い水準の教育を行ない、テクノクラートを養成する「種苗園」を、本国のなかの「外国」としてもちえたことが、イギリス帝国の拡大を支えていたのである。

第七章

戦艦バウンティ号の積み荷

一　浮かぶ温室

フランス革命の二〇〇周年は、もう一つの小さな反乱の二〇〇周年でもあった。一七八九年四月二八日未明、南太平洋を西に航海していたイギリスの戦艦バウンティ号上の反乱。叛徒のために小さな手漕ぎのボートにおしこめられ、大海に置き去りにされた船長ブライ以下の一九名は、三七〇〇マイル（六〇〇〇キロ弱）の荒波を漕ぎぬいて、ついに救助された。奇跡的に生還したかれらは英雄として本国に迎えられ、軍紀厳しかるべき戦艦上で起きた反乱は、おりからフラン

図 7-1
ジョン・ラッセルによる
ブライ船長の肖像
（Caroline Alexander, *The Bounty: The True Story of the Muntiny on the Bounty*, 2003 より）

スの革命の昂揚が伝えられるなかで、大きなセンセーションをまきおこした。

もっともここでは、反乱のことを語るのが目的ではない。「バウンティ（恩恵）」という戦艦に似合わない船名をもつこの船が、どのような目的で南太平洋を航海していたかに関心がある。バウンティ号は、はじめ商船として建造された。この航海のためにイギリス海軍に買い上げられ、その目的のために特別に改造された。艦砲こそ備えているものの、二一五トンしかない小型の船体はずんぐりとして、外観も見るからに戦艦にふさわしくない。

もっと異様なのは船内中層の大船室である。ここには樽を半分に切ったものが五〇〇余りも、船の揺れにも動かぬように固定して置かれていた。樽には土が詰められ、それぞれにまだ若い木の苗が植えられていた。大きな銅のストーブも備えられている。バウンティ号は、さながら海に浮かぶ温室だった。樽に植えられていた植物はパンノキである。ブライ船長らはこの苗木をタヒチ島で集めた。タヒチのパンノキを、生育した状態で、地球を半周し、カリブ海のイギリス植民地に輸送すること、それが国王ジョージ三世の名のもとにブライ船長が受けた命令だったのである。

パンノキは、太平洋の島々で広く見られるクワ科の熱帯果樹である。一年のうち八カ月も大きな球形の実を結ぶ。イギリスでは、一七世紀の末に世界を周航した「海賊」ダンピアがそれを見て航海記に記し、その味がパンを思わせるというので、英語ではブレッドフルーツとして知られていた。だが、この果実がイギリス人にとって特別の意味をもつようになったのは、一七六八年から四年をかけて果たされた、エンデヴァー号のキャプテン・クックによる世界周航の後のことである。クックはかれが滞在したタヒチ島を、文明を知らぬ人が原初の至福のうちに生きている島として報告し、くだんの果実は、パンをもとめて行なわれる労働の苦役から解放された「南海の楽園」のシンボルとみなされたのである。クック船長やかれに同行した植物学者ジョゼフ・バンクスの報告を福音として聞き、た

図 7-2
ジョン・エリスによるパンノキの図

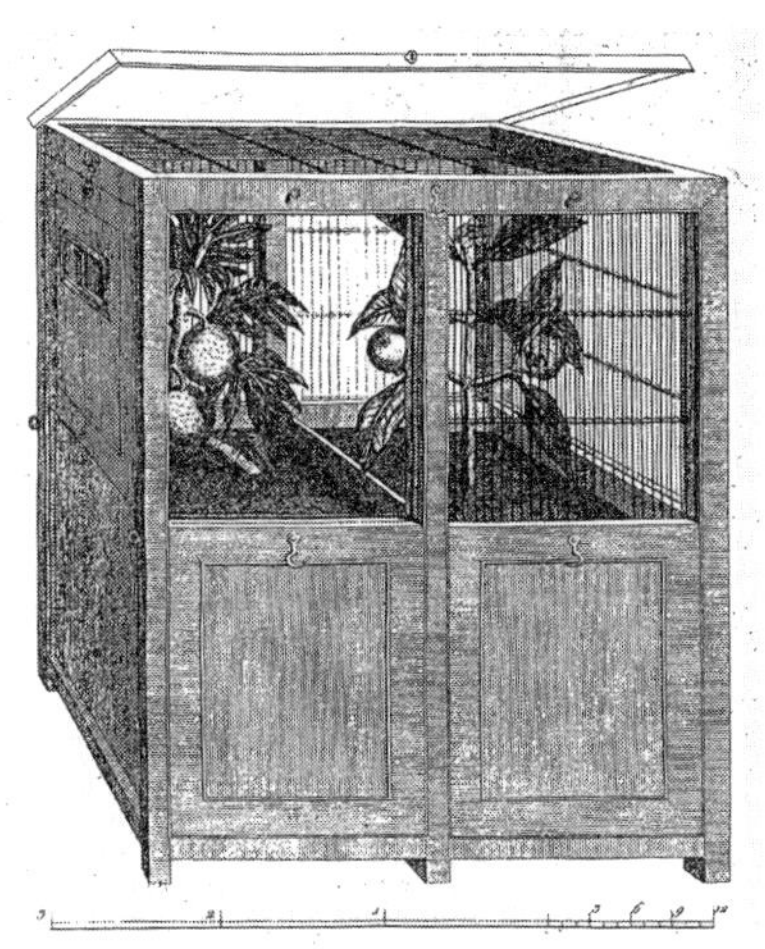

図 7-3
ジョン・エリスが発案したパンノキの苗木のためのケージ

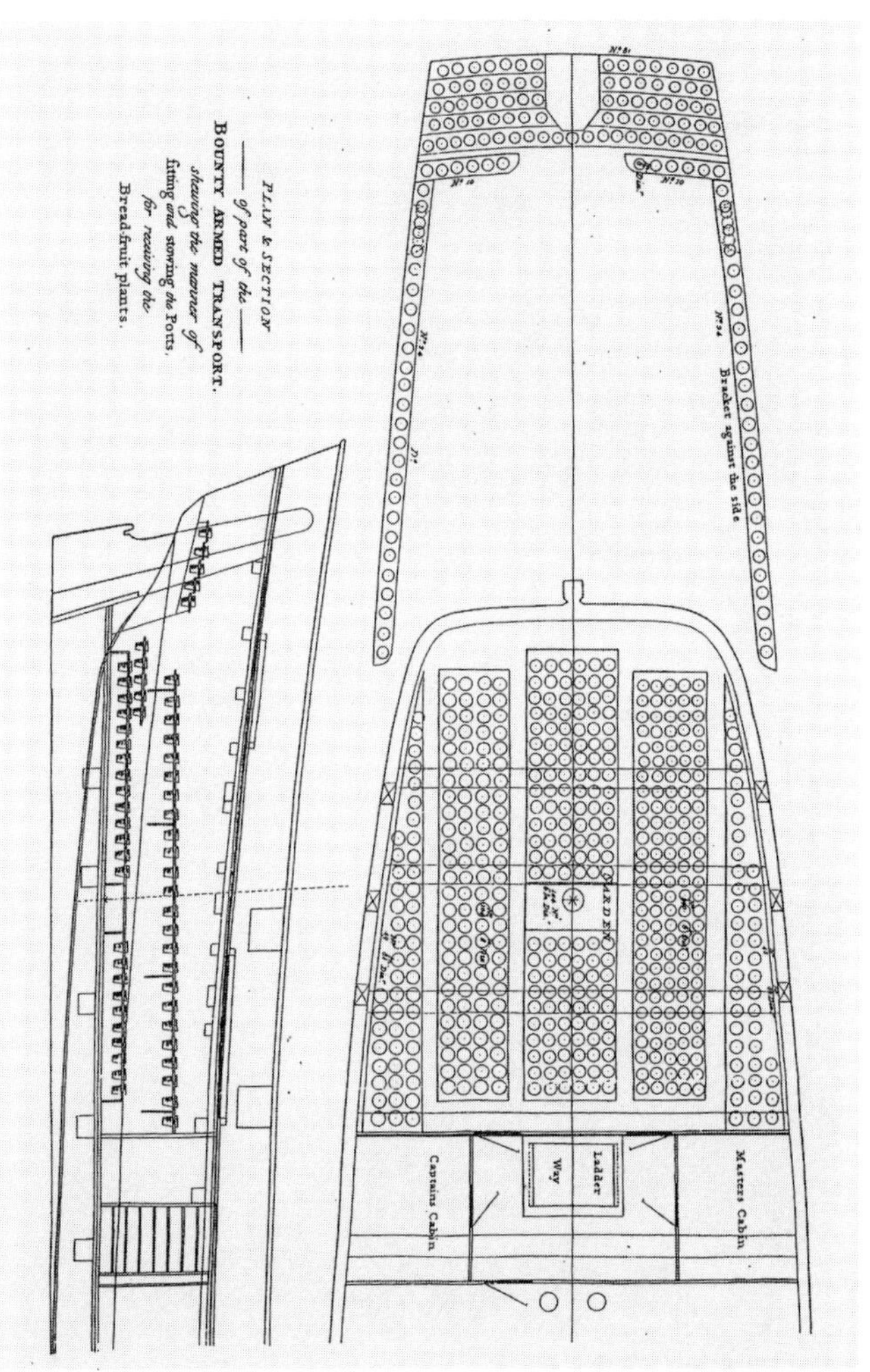

図 7-4
バウンティ号にずらりと並べられたパンノキの苗

だちに呼応した人々が、西インド諸島、カリブ海の植民地にいた。

二・海を越えた栽培植物

スペイン人がアメリカ大陸という新世界で、それまでヨーロッパ、アジア、アフリカに知られていなかった植物資源を発見し、それらを旧世界にもたらしたことはよく知られている。ジャガイモ、サツマイモ、トウモロコシ、トマト、タバコといった「新世界からの贈り物」がそれである。いっぽう新大陸に導入された植物も数多い。たとえばバナナ。『インディアス史』(一五三五)を著したオビエドは、それが一五一六年頃に、スペイン人によって大西洋のカナリア諸島から移植されたことを記している。ところが同じ世紀のちに著されたアコスタの『新大陸自然文化史』(一五九〇)では、バナナは新大陸の固有の植物であるとみなされた。それほど早く広くバナナは普及し、土着化していたのである。

新大陸に導入された植物のうちで、おそらく最も重要であったのはサトウキビである。コロンブスその人が、第二回の航海でサトウキビを輸送し、エスパニオラ島への移植をはかっている。コロンブスが積み込んだのはカナリア諸島のサトウキビである。カナリア諸島や、大西洋のポルトガル植民地マデイラ島、サン・トーメ島ではすでに、一五世紀にサトウキビの単一栽培が行なわれ、砂糖製造の技術とともに、奴隷労働力を用いたプランテーション経営の手法が確立していた。サトウキビが重要であるというのは、このプランテーションという経営方法とともに新世界へ導入されたからである。

イギリスは植民地国としては、カリブ海域に遅れて参入した。一六二〇年代以降、ようやく獲得したのは、諸島中最も東にあるバルバドス島のほか、セント・キッツ、ネーヴィス、アンティグアといった、地図上に見出すのも容易でない、ほとんど放棄されたような島々であった。バルバドスには、一六四〇年ごろ、ブラジルで砂糖生産を行なっていたオランダ人によってサトウキビと砂糖の製造技術がもちこまれた。一六五五年にスペインからジャマイカ島を奪取したイギリスは、はじめスペインの新大陸からの輸送船団を襲う私掠行為の拠点としてこの島を利用したが、その後、ここへも砂糖生産を拡大し、一八世紀には砂糖生産の中心はバルバドスからジャマイカに移動した。

ジャマイカはイギリスの西インド植民地中最大の島であった。そのジャマイカでさえ、たとえばキューバ島を大魚に喩えるならば、それにまとわりつく小魚にしか見えない。だがこの指からこぼれるような小さな島々が、おそらく北アメリカ植民地に比べてさえ、イギリスにとって計り知れない重要性をもっていたのである。砂糖をはじめとする導入された熱帯植物産品のゆえである。

三　「砂糖の島」の役割

プランテーション経営は大量の労働力を必要とする。カリブの先住民であるインディオは、ヨーロッパ人のもちこんだ病気や苦役によってほとんど絶滅状態にあった。かわって用いられたのが、アフリカ西岸から商品として輸入された黒人奴隷である。西インドでは白人が一〇倍以上もの人数の黒人奴隷を使役して、砂糖をはじめとする植民地物産を生産したのである。

とくに面積の狭小なバルバドスをはじめとする島々では、かれらの食料を北アメリカ植民地に依存した。かわって西インド植民地から北アメリカへは、砂糖生産の副産物である糖蜜、ラム酒が輸出される。そしてこれらすべての地域、アフリカ、西インド諸島、北アメリカに向けて、イギリス本国産の、繊維、金属製品といった日用の工業製品が輸出される。これが一八世紀に、大西洋をはさんでつくられたイギリスの植民地帝国の経済システムである。そしてその中軸にあるのが「砂糖の島」であった。

もう一度、西インド植民地が何であったかを考えてみよう。購入された黒人奴隷と、蓄財して酷暑の熱帯から脱出することだけを考えている白人たち。一八世紀にはすでに多くの地主が不在化していた。かれらの食べるもの、用いるものは、輸入された品々である。何一つ固有のかれらが作るものは、導入された植物産品であり、輸出される商品である。何一つ固有のものはない。西インドとは、植物が生育するに必要なただの土地、ただの時間、ただの熱帯の気候でしかなかったことがわかるだろう。そして無限に富を生みだす装置としての西インド諸島が、それの奉仕する帝国経済のネットワークに支えられている危ういものであることも。

四 福音としてのパンノキ

一七七五年、北アメリカ植民地が本国に離反して独立の動きを示したとき、最も脅威を感じたのは西インドの農園主たちであった。北アメリカ一三州の代表で構成する大陸会議は、この年の九月以降、すべての商品の西インド諸島への輸出を停止することを通告した。莫大な資本を投下して行なうプランテーションで、耕地を奴隷の食料用に転換することは、農園主個人にとって自殺的な行為であることは自明であった。しかし食料の輸出停止措置が、ただちに奴隷の飢餓を招くことは、誰にも予測されることである。そのとき、奴隷の労働力を削がず、耕地の転換も要しない願ってもない植物の存在が、南の海から報告されていたのである。

合衆国の独立ののち、西インド諸島の切迫した状況をみて、本国政府はパンノキの導入を決定した。それがブライ船長の航海であった。生還したブライ船長は再度命令を受けて南海遠征を行ない、一七九三年にあわせて六〇〇本の苗木を西インドに輸送することに成功した。苗木は、セント・ヴィンセント、ジャマイカの二島にあった植物園で栽培され、そこから農園主たちに無料で配布された。

パンノキは、期待通りカリブ海の気候でよく育った。しかし、それが食料として、ただちに奴隷たちの間に定着することはなかった。現実に食料の不足が起こり、餓死者さえ出たというのに、である。その理由として、奴隷たちがヤムイモなどでかろうじて自給したこと、そしてほぼ同時期にかれらの故郷、西アフリカから導入されたアキー（レイシやランブータンのように種子のまわりの肉質を食用とするムクロジ科の果実）のほうが好まれて、パンノキは嫌われたことなどが考えられよう。飢餓のなかでさえ、食習慣や味覚は容易には変わらない、ということだろうか。

第八章

海峡の植物園

ペナンとシンガポール

一 ペナン島

インド洋とボルネオ海・ジャワ海はいくつかの海峡でかろうじてつながっている。その間を遮るのがマレー半島とスンダ列島である。半島と島嶼は一列に並び、航海者にとって海の関門として、ちょうど大陸でヒマラヤの連峰やビルマの高地が屏風のごとくたちはだかったように、南アジアと東アジアとを隔てていたのである。一六世紀にモルッカ諸島(香料諸島)のクローヴ、バンダ諸島のナツメグなど香料の入手を目的に、東南アジアの島嶼部に進出したポルトガル人も、一七世紀に入ってそれを逐ったオランダ人も、この海の関門、とくにマレー半島とスマトラ島に挟まれたマラッカ海峡を扼することによって香料貿易を支配することが可能であった。

イギリスはオランダとほぼ時期を同じくして東インド会社による香料貿易にのりだしたが、圧倒的な資本量に支えられたオランダのまえに劣勢であり、一六二三年に起きたアンボイナ島のイギリス人処刑事件をきっかけに香料の海から退却し、いったん開けたドアから退出せざるを得なかった。[1]

もっともこの撤退は、イギリスにとっては幸運な転機であったということになっている。香料植物の栽培範囲を少数の島に厳しく制限し、他の島の野生の樹木を伐採するなど、苛酷な管理のもとに独占をはかったオランダの香料貿易が繁栄したのも、せいぜい一七三〇年代まででであったのにひきかえ、インド亜大陸での活動に専念したイギリス東インド会社は、異国的な更紗模様にいろどられたインド産綿布チンツやキャラコをヨーロッパ市場にもたらし、「インド狂い」と呼ばれた消費ブームをまきおこすことになったからである。しかし一八世紀に入って広東貿易が開始され、イギリス東インド会社の貿易の中で中国産の茶の輸入の占める比重がしだいに高まるにつれ、ふたたび「海峡」の問題がクローズ・アップされてくる。

一七八四年にイギリスへの茶の輸入関税が一二・五パーセントに引き下げられ、輸入量は劇的に増大した。[2]マラッカ海峡部におけるイギリスの最初の恒久的植民地ペナンが置かれたのはその二年後の一七八六年のことである。海峡が北に向かって大きく口を広げるあたり、マレー半島から小さな水道を隔ててペナン島がある。のちにシンガポールなどとともに海峡植民地と称され、一九世紀後半以降の、マレー半島南部とボルネオ島北部における、大英帝国による東南アジア植民地化の起点となったところである。

一七八六年二月、フランシス・ライトはベンガルの総督代行に宛てて「オランダ人は、マラッカ海峡のマレー側のすべてをおさえ、スマトラ島の海岸には要塞と商館を築いており、いまや残るはジャンク・セイロン、アーチン、ケダーの小王国の余はありません」と書き送り、東インド会社にとって懸案であった海峡への拠点の設置に最後の決断を迫っている。ライトは東インド会社の軍人上がりで、マラッカ海峡部で長く私貿易に従事した経験をもち、マレー語に通じて、ケダーのスルタンの信任を得ていた。書簡中のジャンク・セイロン（ウジョン・サラン）は、友好的であった支配者が前年に没していたし、アチェ（アーチン）はこれまでたびたびの交渉についに拒絶の姿勢を崩さなかった。そしてライトはすでに、北方の大国シャムからの圧迫に怯えるケダーのスルタンから、軍事的協力とひきかえに、沖あい数マイルの島プーロー・ピナンの割譲を約束されてもいたのである。

総督代行から権限を承認されたフランシス・ライトは一七八六年六月にカルカッタを出航し、七月にはプーロー・ピナンに上陸、無人に近かったこの島の密林を拓いて定住地の建設にとりかかった。翌八月には国旗を掲げて島の領有を宣言し、プリンス・オヴ・ウェールズ島と命名した。もっともこの島は、プーロー・ピナンあるいはペナン島と呼ばれつづけた。プーローは島、ピナンはシュロ科の熱帯植物のビンロウジュのことである。中国人は漢字をあて檳榔嶼とした。本書ではペナンと記すことにする。

ペナンは有望に思えた。だがそれは予備的な調査に基づいて得られた見通しであったわけではない。ライト以前にこの島に足を踏み入れたイギリス人がいたかどうかも疑わしい。一七七八年から二年間、イギリス東インド会社マドラス管区のボタニスト、ヨハン・ケーニヒがビルマからマラッカ海峡にかけて資源調査旅行を行なったときにも、往路復路にそれぞれ船上および対岸のケダーから望見したにとどまっている。ケーニヒによればこの島は「肥沃で、多くのダマール（樹脂）を産する樹木に覆われた高い山脈」をもち、「山にかかっている青い靄は、数々の金属（鉱石）に恵まれていることを示して[3]」いた。

もちろんペナン獲得の目的が、資源の入手にあったというのではない。前述したように、マラッカ海峡の大部分はオランダの勢力下にあり、これまで風待ち、潮待ちのためにマラッカに寄港せざるを得なかったイギリス船舶が安全に寄港し、故障した船が修理を受け、飲料水その他の供給を受けることのできる停泊地をもつことがその第一。さらにこの時期、喫緊となっていたもう一つの要請がある。一八世紀の後半、イギリスはインドの領土支配をめぐってフランスとしばしば交戦したが、ベンガル湾岸に造船基地をもたず、傷ついた艦船を修理するにもわざわざ遠くインド西海岸のボンベイまで回航せねばならなかった。いくつかの候補地が検討されたがいずれも不適で、季節風の影響が少ないマラッカ海峡部に期待が寄せられていたのである。カルカッタ周辺では困難な、船舶用材のティークの入手も容易であると想像されていた。さらにオランダが領有するマラッカにとってかわる自由貿易港として、地方交易の中心地に育てあげることも構想された。自由な商業港として、ドックを備えた軍港として、中国航路の寄港地として、思惑は本国の東インド会社重役会議、ベンガル政庁、ペナン現地の間で曖昧で、混乱さえしていた。

植民地監督として現地にとどまったフランシス・ライトは、建設したジョージ・タウンにマレー人、中国人商人の居住を奨め、さらに島内の開発も進めて土地を中国人、イギリス人のプランターに貸与して植民地物産、とくに胡椒の栽培にあたらせた。いっぽう、港湾の建設は進まず、早くも会社には悲観論が横行する。ライトが一七九四年に没したのち、一八〇五年にいたってペナンはようやくマドラス、ボンベイと並ぶ東インド会社の独立管区へと昇格した。この年、ペナンへの人口の移動と商業の集中をはかるために、マラッカの要塞が破壊された。だがペナンが第二のマラッカになることはついになく、当初ペナンにかけられた期待は、一八一九年にスタンフォード・ラッフルズによってシンガポールが建設されると、そちらにふりかえられ、ペナンはシンガポールの下風に甘んじることになる。

二 ペナンの植物園

ペナンはついに未完成の植民地であった。そしてペナンの植物園も歴史にわずかの痕跡をとどめるにすぎず、短命で、事実についても、正確な位置をはじめ不詳の点が多い。しかしわずかながら知りうることがらは、一八世紀末から一九世紀にかけての帝国形成期に、イギリスにとって植民地の植物園が何であったかをわれわれに教えるものである。

一九世紀のペナンには、それぞれ時期を異にして三つの植物園が存在した。最初の植物園は一八〇五年に廃止され、第二の植物園は一八一九年から一八三四年にかけてあったもの。間をおいて一八八四年には第三次の植物園が設置されたが、これも一九一〇年に廃止された。[4] ここで扱うのは短命に終わったその最初の植物園である。

ペナンの植物園が正確にいつ設置されたかは不明である。一七九六年から一八〇〇年まで諸説あるが、どれも根拠を示していない。[5] 管見したかぎりでは、「植物園」としてそれに言及した最も早い史料は、一八〇〇年にペナンの副総督に就任したジョージ・リースが、その年の五月にベンガル政庁に送付した報告である。そこでリースは、アンボイナ島からもたらされた植物が「植物園」(botanical garden)でよく育っていることを伝えている。[6] リースによる同年七月の報告にも植物園への言及がある。「私は各種香料植物の移植のためにあらゆる準備を進めており、植物園(Botanical Garden)にも大きなスペースを追加しました。しかしわれわれは、生まれたばかりのプランテーションを監督する能力のある人材の不足を痛感しています。スミス氏に対し、あたうるかぎり早急に当地に帰還し、植物園およびスパイス・プランテーション(Botanical garden and spice plantations)の管理に自らあたるよう命令して下さることを切望します」[7]

明らかに新任の副総督は、すでに存在する植物園について語っている。一八〇〇年五月には、たしかに植物園はあった。しかしその植物園がどのような性格のものであったか、この史料からは曖昧なものが残る。植物園に追加されたスペースとは、植物園の拡張であったのか、それとも植物園とは区別される別の施設の付設であったのか。言いかえれば、報告中の「植物園およびスパイス・プランテーション」が、「植物園」および「香料植物の栽培樹林」をさすのか、それとも「植物園」であって、同時に「香料植物の栽培樹林」でもあるものをさすのかが、判然としないということである。

「植物園」として当該の施設に言及した史料を、このジョージ・リースの二度の報告以外に、じつは著者はまだ知ることができない。それ以外の史料には、いずれも「会社のガーデン」(Honourable Company's Garden) や「会社のスパイス園」(Honourable Company's Spice Plantations) としてしか現われないのである。二〇世紀初めにシンガポール植物園の園長であったH・N・リドリが、「スパイス・ガーデン」に触れ、それを「海峡植民地における最初の植物園」[9]と称して以来、これまでそれらを一括して植物園と呼称してきたが、はたしてそれが一つの施設であったのか、あるいは実験農園もしくは種苗圃としての性格がつよい栽培樹林と、厳密には区別されるべき植物園が (同一の施設内にあってでも) じっさいに存在したのかいまではわからない。おそらくは、植物の導入、試験栽培を行なう実験農園にきわめて近いものが、リースによって植物園と呼ばれたのであると、そしてそれは植民地行政官であるこの人物にとって、植物園というものについての通念に基づいていたのであると想定しておくことにしよう。

植物園にはどのような植物があっただろうか。カルカッタ在住で東インド会社所属の医師ウィリアム・ハンターは、一八〇二年から三年にかけてペナンに滞在し、栽培植物を含む、この島の植物相の調査を行なった。かれは、短期間ではあるが、ペナンの植物園の管理をしたこともある。ハンターの調査の結果は、一九〇九年になって『王立アジア協会海峡支部雑誌』に「プリンス・オヴ・ウェールズ島植物誌」[10]として掲載された。かれはほとんどの植物について、島内のどこに、あるいはどのような場所に見られるかを記したが、そのなかで「会社のスパイス・プランテーション」(H. C.'s spice plantation)にあると特記されたものは、*Tectona grandis*〔ティーク〕、*Nerium sinense* H.(*Strophanthus sp.*)、*Laurus culilaban*、*Caesalpinia sappan*〔スオウ〕、*Bixa orellana*〔ベニノキ〕、*Dillenia secunda*(*Wormia pro. oblonga* Wall.)〔ナルナシ〕、*Uvaria odoratissima*(*Arbabotrys odoratissima*)、*Theobroma cacao*〔カカオ〕、*Theobroma guazuma*、*Melaleuca leucadendron*〔カユプテ〕、*Canarium commune*〔カナリー・ナット〕、*Myristica aromatica*〔ナツメグ〕ですべてである(丸カッコ内はT・N・リドリによる比定)。*Laurus* は、「モルッカでは、蒸留して樹皮と根から精油をとる。香料として評価が高い」と注記されているから、モルッカ諸島から移植されたものであろう。*Canarium* もモルッカ諸島から移入され、かなりの数があると記されている。*Canarium* はナツメグの木のために日陰をつくる目的で側に植えられる。モルッカからほかにも *Malaleuca* がきている。*Tectona* はジャワから、*Nerium* と *Uvaria* は中国からもたらされたとある。

この植物誌には、なぜかクローヴが記述されていないが、ハンターが一八〇二年七月に、ペナンからベンガル政庁の書記C・R・クロメリンに送付した報告は、「会社のプランテーション」におけるナツメグ、クローヴの生育状況をつたえていた。この報告中で、その二種の香料植物以外に、「東方諸島の次の有用なもしくは珍しい物産がある」[11]として挙げられたのは、カナリー・ナット（三〇三二本）、カカオ（六四本）、カユプテ（九本）、ピメント（二本）の四種のみ。クローヴとピメントをさきの一二種と合わせても合計で一四種である。さらに副総督ジョージ・リースによる一八〇二年三月の報告に（ここではcompany's garden と呼んでいる）「きわめて元気に育っている」[12]と記されたシナモンとコーヒー、コレラヴァ（colelava）を加えてようやく一七種となる。これを植物園と呼ぶにはあまりにも寥々としているといわねばならない。

しかし例えばピメント。カリブ海地域原産のこの香料植物は、ハンターによればペナンへはカルカッタの植物園から導入されている。[13] カルカッタ植物園の植物目録『ホルトゥス・ベンガレンシス』（一八一四）によれば、同植物園のピメントは、一七九四、九五年にイギリス本国のロンドン近郊にあるキュー植物園から移植されたものである。[14] またキュー植物園の植物目録『ホルトゥス・ケウェンシス』（一八一一〜一三）は、イギリスで最初にピメントを栽培したのがフィリップ・ミラーであると記している。[15] ミラーはロンドンの薬種商組合のチェルシー薬園をあずかっていた。だからこうしてピメントは、西半球のカリブの海からマラッカ海峡まで、植物園をつたうようにして渡来してきたことになる。

ウィリアム・ハンターは、一八〇二年七月の報告にさきだって、同年四月にもベンガル政庁に、会社のプランテーションに関する報告を提出している。[16] この報告は、カルカッタの植物園園長ウィリアム・ロクスバラのもとに届けられた。報告に接したロクスバラは意見書を著し、[17] 東インド会社の書記トマス・フィルポットに提出、フィルポットはそれを再度ペナンの副総督ジョージ・リースに送達した。[18] アジアにおけるイギリスの植民地の植物園は、カルカッタを中核とする複合的な施設として緊密な連絡を有し、それはピメントの例にみられるように、ロンドンのキュー植物園に司令部を有する、帝国の東西領土間の植物資源の交換のネットワークのなかに位置したのである。ペナンはその一部であり、最も遠く伸張されたその先端であったということになる。ペナンの植物園がいかにそれらしく見えなくとも、なおかつそれを植物園と称する者があったのは、そのせいだとはいえないだろうか。

それでは植物園はじっさいにはどうであったか。以下も一八〇二年四月のハンターの報告による。

「会社のスパイス・プランテーションにあてられた土地は広さ一三〇エーカー、南と西で高い山に接している。〔……〕土壌は砂質で赤い粘土が混じる。山麓では粘土の比率が高く、肥沃さを増す。〔……〕低地では、とくにクローヴよりも湿気を必要とするナツメグが、こんもりと葉を広げているのが見られる。プランテーションの南側は、アエル・イタム（すなわち黒い川）の岸である。〔……〕樹木はナツメグもクローヴも各方向に一四フィートの間隔をおいて植えられており、一エーカーに二二二本ということになる。植栽があるのはせいぜい二〇から三〇エーカーで、残りはまだ切り開かれていない。その結果、現在プランテーションにはおよそ二万六〇〇〇本〔の苗木〕があるが、植えられたのはまだ六〇〇〇本にも足りない。残りの二万本は、輸送されてきた箱からまだ移し替えられてもいない。スパイスの栽培には、五〇人の囚人があてられているが、土地を開墾する作業は請負に出されている[19]」

アエル・イタム（ヒタム）は、ジョージ・タウンの南二マイルに河口をもつペナン川上流の一支流である。この川の渓谷一帯も同名で呼ばれている。すでに一七九〇年にフランシス・ライトは、アチェから胡椒の蔓を導入して、アエル・イタム地区と島の南のスンゲイ・ケルアン地区に小さな試験農園を設け、実験的に栽培を行なわせた[20]。一九世紀初めには、島内に一五〇万本が植えられ、年間に四〇〇万ポンド（重量）を生産してペナンのステープル作物ともみなされた胡椒の蔓を[21]、プランターたちに配布・供給したのはこの試験農園であったであろう。アエル・イタムには、ライトの個人的な所領も存在した。サフォーク・エステートと呼ばれたこの地所はアエル・イタムの右岸に位置し、ガーデンとプランテーションからなっていた。[22] ライトがモーリシャスから導入したというナツメグとクローヴはあるいはこの庭園に移植されたのではないか。とすると、ライトが没した一七九四年以前に、ペナンの「植物園」の原形はすでに準備されていたことになる。

三 ナツメグとクローヴ

ペナンにこの種の施設が設置されたいきさつを知っておくことが必要である。一七九四年に共和国フランスがオランダを占領したとき、オランダ連合州総督はイギリスに亡命し、オランダにはバタヴィア共和国が誕生した。九五年一月には、総督の名によって、オランダの全植民地に対し、フランスによる占領を阻止するために、イギリス軍の進駐を許すように命令が発せられる。それを受けてマドラスを出発したイギリス東インド会社海軍はマラッカを陥落させ、九六年三月までにはバンダ諸島とアンボイナ島を占領した。[23] これらの島は、オランダが一七世紀以来長きにわたってナツメグ、クローヴを独占してきた土地である。香料貿易の最盛期はすでに過去のものとなっていたとはいえ、オランダによる市場独占を破ることは、イギリスにとって積年の懸案であった。

フランスはすでに、インド洋上の植民地イル・ド・フランス（モーリシャス島）の行政官

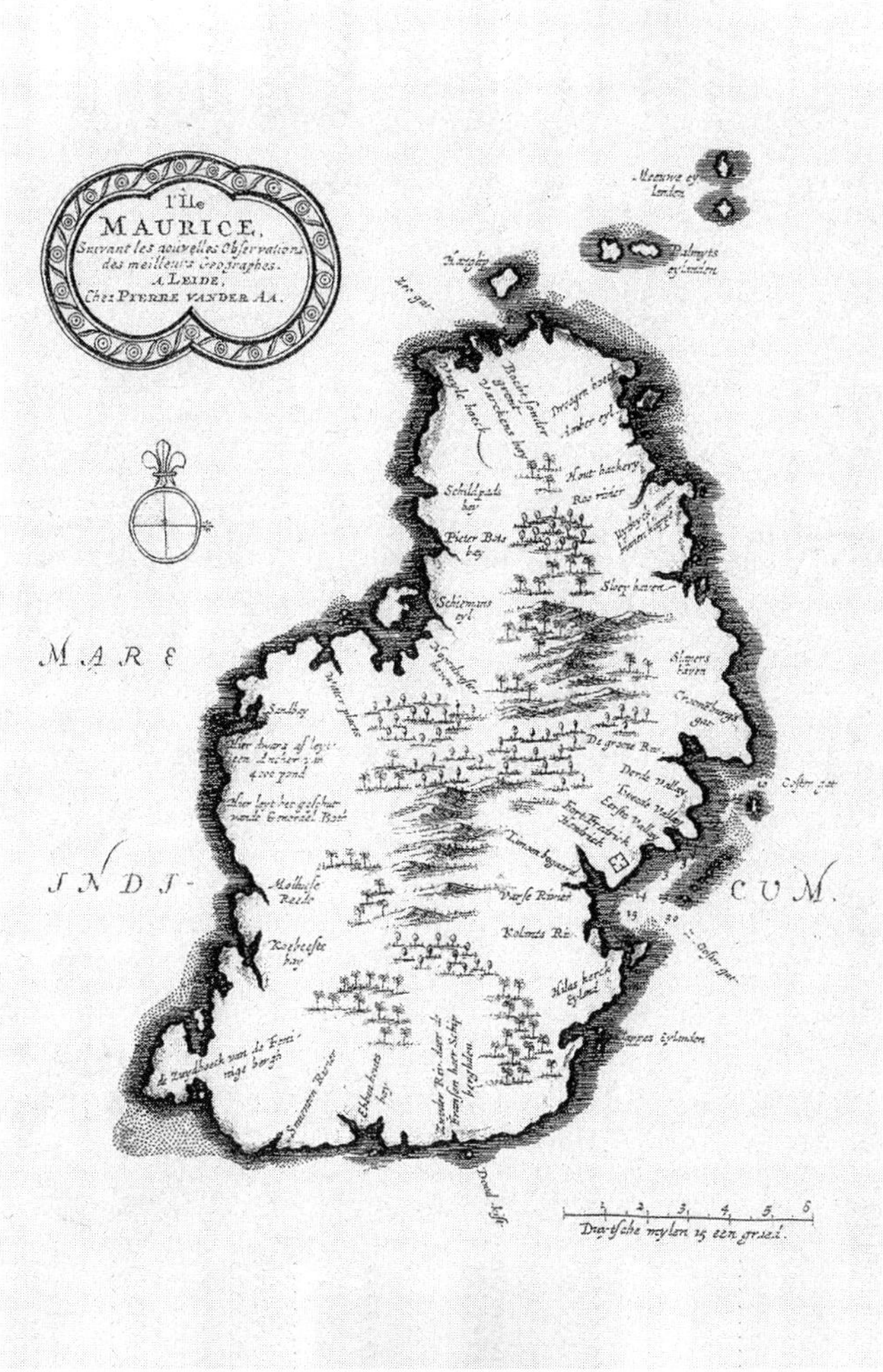

図 8-1
イル・ド・フランス（モーリシャス島）の地図

ピエール・ポワヴルが、一七六九年から七二年にかけて、部下に命じて行なわせた二度の航海で、モルッカ諸島からナツメグ、クローヴの種子と若い苗をもちだして、自らの所領で栽培に成功していた。ポワヴルの地所モン・プレジルは、一七七三年にかれが島を去った後も、植物学者ジャン・ニコラ・ド・セレが管理し、七五年には国王によって買い上げられて王立植物園となった。これが後のパンプルムース植物園である。(24) 一七八二年には同じマスカレーニュ諸島に属するイル・ド・ブルボン（レユニオン島）に、八〇〇〇本のクローヴを有するプランテーションが存在した。さらにクローヴは、カリブ海に面した南米のカイエンヌ（仏領ギアナ）へも移植が試みられている。すでにみたフランシス・ライトがいち早く入手したナツメグとクローヴも、このモーリシャスのものであったという。

イギリス東インド会社も、一七七四年から六年にかけてタルタル号のトマス・フォレスト船長が、ナツメグの苗木を採集する目的でモルッカ諸島とニュー・ギニアの探検を試みたが不首尾に終わっている。フォレストは、モルッカ諸島の東、ジャイロロ海峡にいたって、かれがフランス船に先をこされたことを知った。(25)

いまやついにその時がきたのである。しかし占領地は、オランダが旧態に復せば返還することになっていた。フランスに倣い、それまでに香料植物の、帝国内熱帯領土への移植をはかる必要がある。ロンドンでは一七九六年一二月に、海軍の水路測量技官で、東南アジアの海洋におそらく最も通暁していたアリグザンダー・ダーリンプルが、東インド会社に覚え書きを提出し、「たとえ香料はかつてほど重要でなくなったにせよ、この機に乗じてバンダ、アンボイナの最良のナツメグ、クローヴの苗木を集めるべき[26]」であると主張した。ところが現地では、事態はいち早く進展していたのである。すでに一七九五年一二月の段階で、カルカッタ植物園園長のウィリアム・ロクスバラは、キュー植物園のジョゼフ・バンクスに宛てた手紙で、「園丁（ナースリーマン）スミスをマラッカおよび香料諸島に派遣した[27]」ことをつたえており、また、翌年一月のカルカッタの政庁から本国重役会議に宛てた通信から

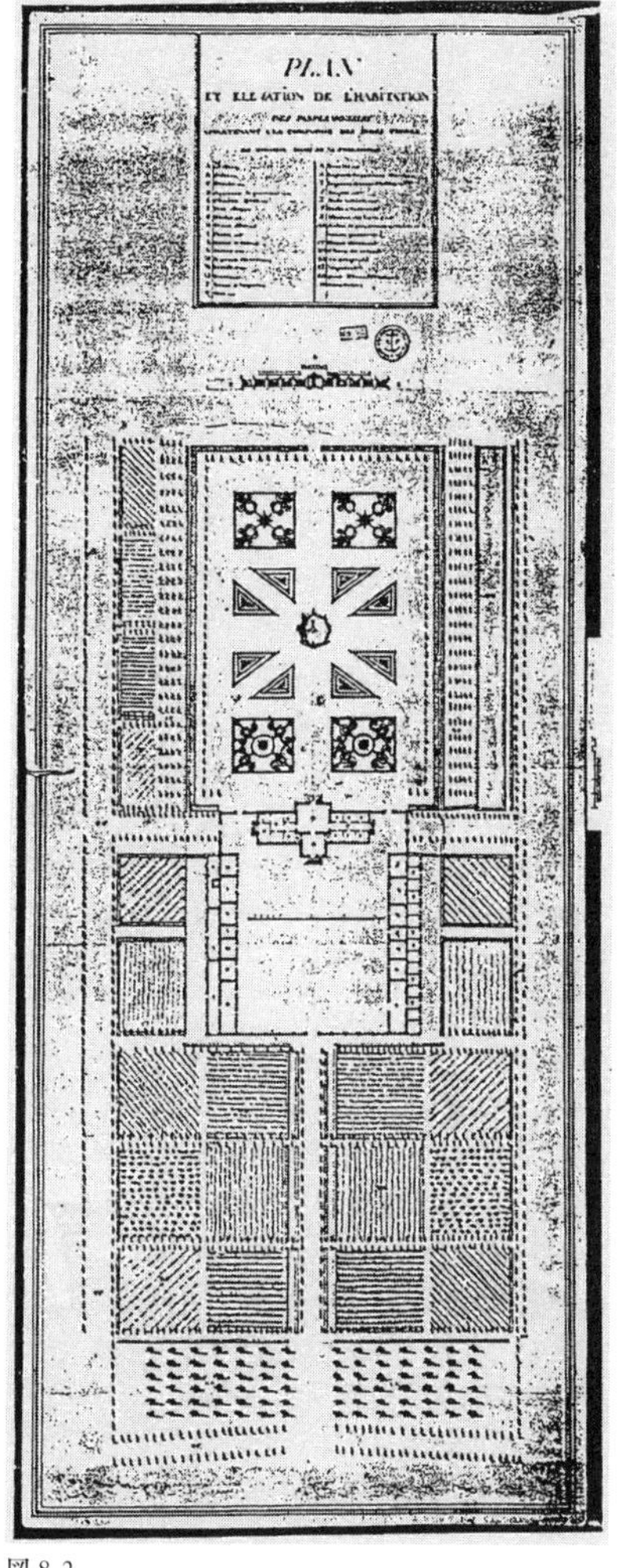

図 8-2
フランス領時代のパンプルムース植物園
（モン・プレジル）の平面図
（Guy Rouillard, *Le Jardin des Pamplemousses*, 1983 より）

も、植物園長の推薦で香料諸島に「シナモンその他の植物の収集」[28]のために派遣した園丁の名がスミスであったことを知ることができる。

クリストファ・スミスは、キュー植物園の出身。西インド諸島の砂糖プランテーションで使役された黒人奴隷の主食作物としてパンノキを導入するために、南太平洋のタヒチからカリブ海域まで、六九〇本のパンノキの苗と、ほかにも多数の植物を輸送したプロヴィデンス号の遠征（一七九一〜九三年）に、栽培技術者として参加した二人のキュー植物園園丁のうちの一人であった。この事業は、クック船長の第一次世界周航に同行して、オーストラリア、ニュージーランドおよび南太平洋の植物調査の経験を有するだけでなく、一七七二年以降、国王ジョージ三世の信任をえて、王室のキュー植物園の管理にあたっていたジョゼフ・バンクスが、首相ピットを説いて実現させたものである。西インド諸島のサトウキビ農園主たちの強い意向を受けていたとはいえ、東西半球の熱帯間での経済植物のおおがかりな交換を、東西両インドに誕生した植物園のネットワークを利用して行なうバンクスの構想の実験でもあったといえよう[29]。

二名の園丁のうちの一人、ジェイムズ・ワイルはそのままジャマイカにとどまり、一七九四年以降、リガニー植物園でパンノキの栽培に従事した。スミスは一七九四年に、ジョゼフ・バンクスの推挙でカルカッタ植物園の園丁に採用されている。バンクスが東西両インドに配したキュー人脈の一人である。

スミスが採集し、カルカッタへ送付した香料諸島の植物の一部は、一七九七年一〇月にロクスバラから、その名もアンボイナ号によってロンドンのバンクスのもとに発送された。翌年六月にアンボイナ号は到着し、バンクスは東インド会社本社に「植物はただちに搬出しなければ危険。ヨーロッパに初めて移入されるナツメグが含まれている」[30]と、悲鳴のような手紙を書いている。一七九七年にベンガル政庁は、ペナンに対し「それらを保護する最適の手段として、胡椒のプランテーションをもつ入植者に、それを配布するよう指示した」[31]（一七九七年一二月三〇日）にとどまった。

しかしちょうど一年後には新たな決定が下されている。このときベンガル政庁は、「（カルカッタ）植物園の園長代行フレミング氏の進言に基づき、プリンス・オヴ・ウェールズ島にプランテーションを設ける目的で、スミス氏を（カルカッタ）植物園内にある香料植物の苗のほぼ半数をもたせて派遣することを決定した」（一七九八年一二月二五日）。同時にペナンの植民地監督に対し、スミスにプランテーション用に適切な広さの土地を提供し、また必要とするあらゆる便宜を供与するように命令し、いっぽうスミスには、「プランテーションの設置の後には、各管区のためにさらに多くの有用植物の苗と種子を収集すべく、再度東方に出発するよう[32]」に指示が与えられた。

ペナンの植物園、すなわち「プランテーション」の設置はこの東インド会社ベンガル政庁の命令に基づくものと考えられる。その背後には、ベンガルの気候のもとでナツメグ、クローヴを栽培することの困難さの認識と、ペナンの気候、土壌がバンダ諸島のそれに似ているとするスミスの示唆があったようである。スミスはすでに一八〇〇年には、指示のとおりにモルッカにあって、ペナンやベンガルへの植物送付を再開しているから、ペナンの植物園は前年の一七九九年にスタートしたとするのが適当だろう。前記のハンターによれば、一八〇〇年、一八〇一年の二年間に、スミスによってモルッカからペナンに送付された香料植物は、七隻の船で、クローヴが種子、苗合わせて一万五九五八本、ナツメグが大小の苗合わせて、二万四八二〇本、合計四万七七八本にもおよんだ[33]。これらを収容するために、一八〇二年になってもなお、植物園－プランテーションが拡大をつづけていたことはすでに記したとおりである。

スミスの香料植物は、スマトラ島のベンクーレンにも送られている。一七九八年に到着したベンクーレンのナツメグは、一八〇二年には一〇フィートから一四フィートにも成長し、六〇〇本のうち、四七本が開花した。そのうち半数は雌株で、翌年には実を結んだ[34]。どのようなかたちで栽培されたかは不明である。さらに香料植物は、東インド会社マドラス管区に宛てても発送された。一七九八年五月にマドラスのノウパルリ（図6－4参照）の園長アンドリュー・ベリーは「香料諸島の最も価値あり有用な植物が大量に入った多数の荷箱」を受け取っている。ノウパルリは、一七八八年に、マドラスの総督が、コチニール染料の試作を目的として、カイガラムシの付着するサボテンを収集栽培するために設置した施設である。ベリーのもとに到着した植物のうち、ナツメグだけが健康な状態にあった。かれは生き残ったナツメグをノウパルリに受け入れたが、早急に「マラバールのモンスーンが水をもたらし、野生のナツメグが発見されるような山間部[35]」に移植すべきことをマドラス総督に建言した。この年のうちに、ティネヴェリ地区の六カ所に会社の経営する栽培試験農園(スパイス・ガーデン)が設けられ、三カ所では主にシナモンが、残りの三カ所ではナツメグが栽培され、加えてクローヴ、コーヒー、カカオ、さらにマンゴスティンなどの果樹の試験栽培も行なわれた[36]。

ペナンの「植物園」も、これによく似た施設であったであろう。試験的な栽培、株分け、種苗の配布を目的とする実験農園。しかし、カルカッタの植物園が、一七八六年にはじめて、東インド会社の技術将校トマス・キッドによって提案された時にも、その目的は、「たんなる物珍しさのために珍種植物を集めるためのものではなく、ベンガル人にも英国生まれの者にも、ひとしく有益なものを配布するために、元株となるものを置く[37]」ことにあったのである。キッドが、この植物園に収集すべきものとして列挙した植物のなかに、ベンジャミンや樟などの樹脂植物、インド藍や茶とならんでシナモン、ナツメグ、クローヴがあったことはいうまでもない。カルカッタ植物園は、キッドのもとで九〇〇種、一七九三年にそのあとを継いだロクスバラのもとでおよそ三〇〇〇種の樹木、花卉を導入し、三〇〇エーカーのなかにそれを配置する本格的な植物園として発達する。しかし、そのときにも、たとえば植物園の一部は、ティークの苗圃（ナースリー）にあてられていたのである。スミスのカルカッタ植物園における職名がナースリーマンであったことは、かれにあたえられた職務が何であったかを彷彿させる。

一八〇二年にモルッカ諸島からペナンに到着したエクスペディション号は、ナツメグ、クローヴ、サゲラス、カナリー・ナット以外に、六三種一〇〇〇本の植物を積載していた。[38]そのほとんどは枯死していたが、それらの目的地は、ペナンの植物園以外になかったはずである。カルカッタ植物園の植物目録『ホルトゥス・ベンガレンシス』には、クリストファ・スミスによって採集されたことが明記されたアンボイナ産の植物が一三種、モルッカ諸島の植物がやはり一三種収録されている。他に一七九七年から一八〇二年までの期間に、東インド会社を通じてカルカッタ植物園が得たと記載されているモルッカ、アンボイナ産の植物が六三種ある。状況から考えて、この大部分がやはりスミスによって送付されたものとみなしうる。そしてそれに匹敵する数の植物が、一度はペナンに輸送されたことになる。それらが生き生きとした状態で到着していれば、植物園はまた違ったものになっていたであろうか。

一八〇四年にペナンの副総督に就任したR・T・ファーカーは、後にその豪奢な生活と乱脈な公金の支出を厳しく指弾された。しかし遅れていたペナンの港湾の整備、道路、橋梁の建設を積極的に進めたのはこの人物である。かれは金食い虫の植物園（ペナン植民地の全経常経費がおよそ一五万スパニッシュ・ドルであったときに、植物園のためにその八パーセントの一万二〇〇〇ドルが支出されていた）を、わずか一二日間の公示の後に、競売にかけ、九六五六ドルでそれを売却した。このとき園には、五一〇〇本のナツメグ、一六二五本のクローヴが植えられ、二三本のクローヴが実をつけるまでに成長していた。木は購入者によって掘り起こされたが、多くは枯死した。ベンガル総督は、ペナンで「新総督の着任を待たず、これらのプランテーションがかくも性急に売却されたこと[39]」に対して強い遺憾の意をあらわしている。

四　シンガポール植物園

植物園と試験農園が複合するかたちは、ラッフルズの植物園として知られるシンガポールの第一次植物園においても見られる。一八二二年、この植物園の設置の構想を直接にラッフルズにあたえたのは、ナサニエル・ウォリックであった。ウォリックは、デンマークの出身の医師で、一八一七年以来カルカッタの植物園長の職にあり、一八二〇年から二二年にかけて行なったネパールへの植物採集旅行で知られている[40]。この旅行のさいに害した健康を、航海によって回復する目的で、一八二二年七月、半年間の休暇を会社に申請し承認された[41]。目的地は中国であったが、この年一一月にはシンガポールに滞在していた。

図 8-3
カルカッタ植物園の初代園長
ナサニエル・ウォリック

ウォリックとは旧知のベンクーレン副総督トマス・スタンフォード・ラッフルズも、一〇月以来この地にあった。いうまでもなく、ラッフルズは、一八一九年にシンガポール建設の最初の礎石を置いた人物であり、現地駐在の司令官ウィリアム・ファーカーに後事を託したが、市政に強い影響力を行使していた。

一一月二日の手紙でウォリックはラッフルズに宛てて、「この島に植物・実験庭園（a Botanic and Experimental Garden）を設置することの便宜」について説き、「植物園を置き、またシンガポールおよび近辺の島嶼に自生する植物や、さらには外来の植物の試験的栽培を行なう目的で、ヨーロッパ人街区の近隣に適当な土地を収用すること」を提案した。「それらを広く導入することを奨励するまえに、熟練した手で試験をすることが望ましい」からである[42]。これに対してラッフルズはただちに応じ、候補地を提示するとともにウォリックへ協力を要請している[43]。

選定された土地は、政庁の置かれたシンガポール・ヒルの東北斜面から、小さな渓流を越えてセリギ・ヒルの麓までの区画、南東と南西はそれぞれ道路を境界とする四八エーカーである。もともとこの場所には、ラッフルズの書簡にあるように、政庁付属の庭園が存在しており、それを拡張して植物園とする計画である。この庭園には、すでに一八一九年、ラッフルズの紹状介をもってシンガポールに到着したダンなる人物によって、一二五本のナツメグの木が植えられていた。(44) このとき、ウィリアム・ファーカーは、この管理のために、ブルックスという庭師を採用することを提案し、ベンクーレンのラッフルズに意向を訊ねている。(45) ウォリックの慫慂（しょうよう）に即座にこたえることができたのは、このときの経緯によるだろう。しかし、いっぽうでラッフルズは、これだけの土地に、丘陵、谷、湿地などのさまざまな地形条件が備わっていることを重視している。多様な植物種の収集を想定した意見と思われる。早速一一月二〇日には、この土地の、ウォリックおよびその後継者に対する無償貸与が認められ、最初の杭が打ち込まれている。

　ラッフルズ－ウォリックの書簡に示されたこの区画は、シンガポール最古の地図とされるジャクソンの都市図とも一致する［図8－4］。もっとも、一八二八年に印刷されクロファードの書物に挿入されたこの地図は、H・F・ピアソンによれば、現実の都市図というより、都市計画図とみなされるべきで、一八二三年にラッフルズが都市建設委員会に提示した教書の内容を強く反映しているという。(46) おそらく、一八二二年一二月に始まった委員会による都市建設のマスター・プランとして作成されたものであろう。この地図では、上記の記述に該当する位置に Botanical and Experimental Garden の文字を見ることができる。これはウォリックの手紙にあったそのままの用辞である。

T・S・ラッフルズが、たとえば一八一一年以後、ジャワの統治にあたった六年間に、現地の歴史、地誌、経済、言語、宗教について資料を集め、百科全書的な『ジャワ誌』（一八一七年）を著したことはよく知られている。[47] かれが、最初の赴任地ペナン以来、一貫して抱いてきた東南アジアの動植物相、とりわけ植生に関する関心についてははたしてどうだろうか。マラッカでは、私費で四人を雇用し、一人に植物を、一人には虫を、一人には珊瑚や貝を、一人には鳥と動物を収集させた。[48] 一八一八年五月に、かれが植物学者ジョゼフ・アーノルドとともに[49]スマトラ島ベンクーレンから内陸にかけて踏査したおりに発見した巨大な花を咲かせる寄生植物は、両者の名からラフレシア（*Rafflesia arnoldi*）と命名されている。アーノルドをラッフルズに紹介したのはキュー植物園のジョゼフ・バンクスであった。[50] 逆に、ラッフルズは、ジャワ統治時代に行動をともにしたアメリカ人動物学者T・ホースフィールドが一八一八年、イギリスに出発したときには、バンクスに宛てて紹介の労をとっている。[51] バンクスは一八二〇年に死去したので、ラッフルズはかれの最晩年における人脈に連なったといえよう。アーノルドが、さきの発見の直後に病死した後は、スコットランド出身の若い医者・植物学者ウィリアム・ジャックが医師としてつねに身近にあり、ラッフルズの植物学研究に協力している。

ジャックは、一八一九年にラッフルズがシンガポールの地を獲得したときのことを、カ

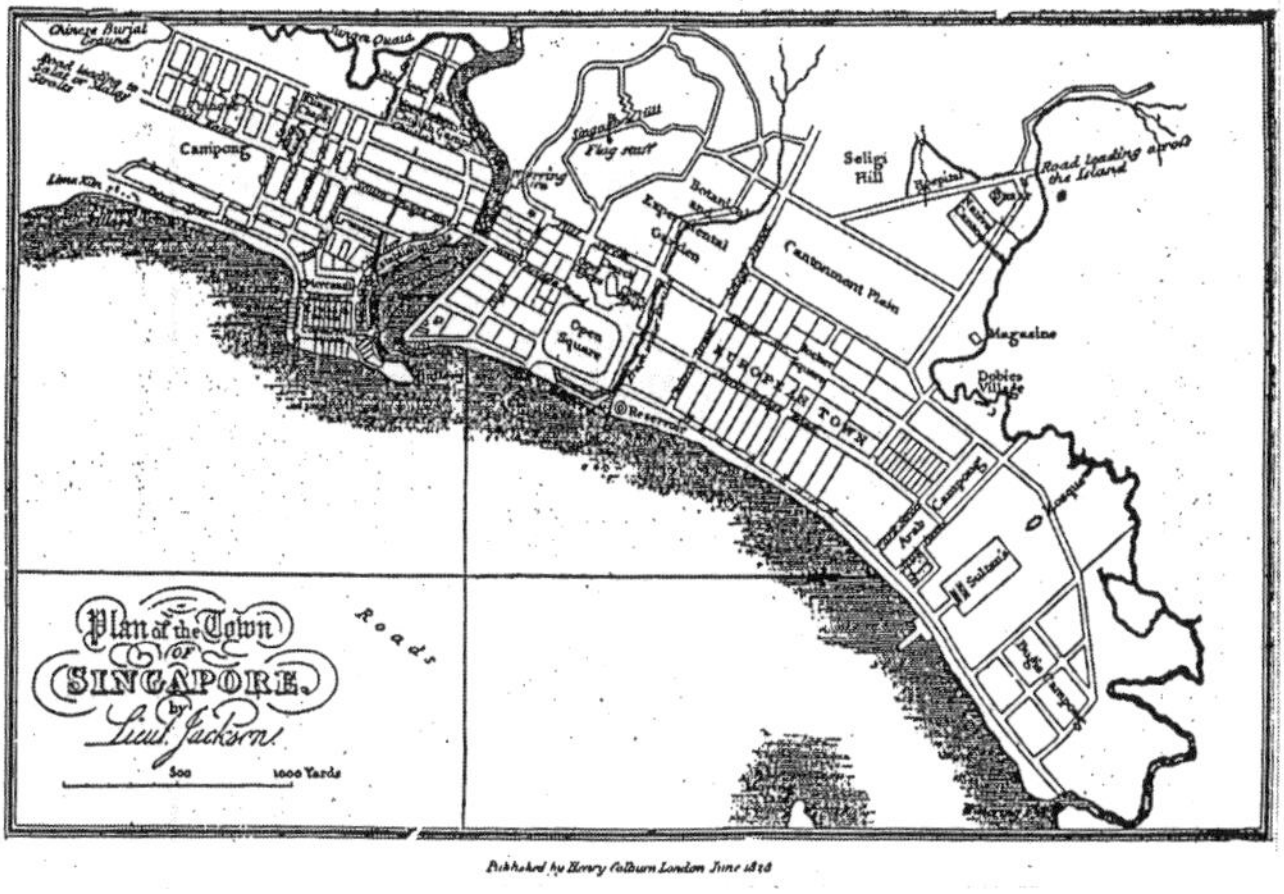

図 8-4
シンガポールの都市計画図(1828 年)。植物園が、
植物園と実験園の複合施設として記されている
(John Crawfurd, *Journal of Embassy to the Courts of Siam and Cochin-China, etc.*, 2nd edition, 1830 より)

ルカッタ植物園のウォリックへの手紙で書いている。このときジャックは途中のペナンにとどまって、その先同行することをしなかった。ラッフルズは一月二八日にシンガポールに投錨、トンク・ロングをジョホールのスルタンに就任させたうえで東インド会社との条約締結にいたるのが二月六日、翌日出航するまでの一〇日間は、おそらく寸暇すらなかったのではあるまいか。

　ところがジャックによれば、この間に現地でラッフルズは多数の植物を採集し、それをペナンへ持ち帰っているのである。しかもそのうち三種のウツボカズラは新種であったという[52]。それらはジャックによって記載され、うち一種は*Nepenthes rafflesiana*と命名された。ラッフルズの植物への情熱をこれほど端的に示すエピソードはないだろう。「シンガポールは、いいようもなく素晴らしい新種ウツボカズラを発見したというだけでも、すべての労苦を補ってくれました。珍しさ、大きさ、印象のふかさからいって、私の巨大なスマトラの花の次に位置する東洋の驚異です[53]」と、後にラッフルズはシンガポールからつたえている。

この手紙は、ウォリックに宛てたもの。ラッフルズとウォリックは、ラッフルズがシンガポール獲得の命令を、ベンガル総督へイスティングズ卿から直接受けとるためにカルカッタに赴いた一八一八年一〇月に、カルカッタの植物園で会見している。ウォリックのもとにいたジャックを紹介されたのもこの時である。ジャックは、ラッフルズとともに行なったスマトラ、ペナンでの植物調査のようすを、逐一ウォリックに手紙で知らせつづけた。ウォリックのもとに送られたウツボカズラの種子は、カルカッタを経由してロンドンのバンクスへも届けられた。その受領の知らせが、バンクスからラッフルズのもとにあったことをつたえるのも、ジャックの書簡である[54]。

以上のような経緯を考えれば、ラッフルズの植物園が、一時的な思いつきであったり、また有用植物の導入だけを目的とする経済至上のたんなる試験農場であったとは考えにくい。しかし、ラッフルズは一八二三年の六月にはシンガポールを去り、また本来の任地であるベンクーレンをも一八二四年にはあとにして本国へ帰国することになる。休暇を終えたウォリックは、すでに一八二二年一二月にはカルカッタに帰任しており、シンガポールの植物園に直接関与することはなかった。

シンガポールに滞在していたあいだ、ラッフルズは植物園建設の進行状況をウォリックに報告しているが[55]、期待したウォリックからの支援は得られなかった[56]。ラッフルズの命令を受けて、植物園の設営にあたった駐在司令官のウィリアム・ファーカーは、かつてマラッカのオフィル山で新種植物を発見したこともある植物愛好家であったが[57]、ラッフルズと対立し、その任を解かれた。

シンガポールの植物園の管理にあたったのは、ウィリアム・モントゴメリである。モントゴメリはエディンバラ大学で医学の学位を取得した医師で、東インド会社の外科医として、一八一九年にシンガポールに赴任した。一八二三年には現地の医療責任者となり、同時にラッフルズの設立した学校、シンガポール・インスティテューションの博物学教授にも任命されている。そのうえに、種痘の実施、救貧制度の運営、監獄の監督などの激務をおっていたから、植物園の整備に多くの時間を割くことは困難であっただろう。しかも、植物園の運営には、月六〇スパニッシュ・ドルの公費支出がラッフルズによって指示され、その後も毎年この額は計上されつづけたが、モントゴメリ自身は無給のままであった。

かれは一八二七年にシンガポールを去ったが、その年の二月「東インド会社シンガポー

図 8-5
シンガポール・ヒルからの眺望

ル植物園の現状報告」を執筆した。その中でモントゴメリは、経験のある助手をカルカッタ植物園から派遣するというウォリックの約束が、最後まで実行されなかったこと、そしてそのためにかれの関心が、きわめて有望に思えた香料植物の栽培のみに向かったことを記している。導入した数本のナッツメグはよく成長し、報告の前年には実を実らせるまでになった。「実が実りきると、私はそれをただちに植えました。そうして現在では、植物園でつくられた苗が、二〇〇本も苗圃にあります[58]」

ラッフルズの死後、一八三〇年に夫人のソフィアが著した伝記には、シンガポール・ヒルから左前方の海岸にいたる眺望を描いた図版［図8-5］が挿入されている。斜面のすぐ下の位置が、ジャクソンの地図と照らして「植物園・試験園」であることは間違いない。しかし、図に見えるのは明らかに整然とした栽培樹林である[59]。ここでも、現在われわれが用いる意味での植物園は実現しなかったということになる。

五・むすびにかえて

シンガポールの植物園は一八二九年六月に廃止された。冗費の節減がその理由であった。跡地には、教会、学校、病院などが建設されたが、当初の四八エーカーのうち、七エーカーだけは、一八三六年に、シンガポール農業園芸協会が設立されたとき、協会に与えられた。協会の会長にはモントゴメリが就任している。この第二次の植物園の維持にかかる費用は、会員の年会費と、ナツメグの販売利益があてられたというから、栽培樹林のすくなくとも一部は健在であったようである。しかし第二次植物園も一八四六年には閉鎖される。現存するシンガポールの植物園は、一八五九年に、総督を会長として新たに農業園芸協会が設立され、ところをタングリンに移して再開されたものである[60]。

いっぽうペナンでは、一八二二年に、アエル・イタムに第二次植物園が設立されている。これもしばしばラッフルズと結びつけられるが、ラッフルズが直接に関与した形跡はない。おそらく一八二〇年にペナンの総督に就任したW・E・フィリップスの指示によるものであろう。フィリップスも、シンガポールのウィリアム・ファーカー同様に植物への関心が深く、キュー植物園にも何種かの植物を送付している[61]。植物園の管理にあたったのはジョージ・ポーター（あるいはポター）[62]。ポーターはカルカッタ植物園の出身で、一八二二年のナサニエル・ウォリックの療養をかねた旅行に同行し、ペナンにそのままとどまった。

一八二八年に、ウォリックがイギリスに帰還するにあたって、植物標本八〇〇〇種をロンドンの東インド会社本部に輸送したとき、ポーターがペナンで採集した標本が含まれていた。[63] ポーターの植物園については、かれの死後一八三四年に、無関心な総督の手によって一二五〇ルピーで売却されたというほかにほとんど何も知られていない。

一九世紀の前半、マラッカ海峡の二つの英領植民地につくられた四つの植物園は、いずれも短命に終わった。現実的な用途に従属せられ、しかもその目的の達成を見るか見ないかというときに、現地政府の意向に左右されてあわただしい消長をくりかえした感がある。植物資源の帝国内自給を目的に、東西熱帯間の植物交換をめざしたバンクスの構想も、一八二〇年のバンクスの死後、デザインがぼやけてしまった。キュー植物園も中央司令部の役割を失う。もう一つの熱帯植民地、カリブ海域でも、同様の植物園のめまぐるしい消長が同じ時期にみられる。ふたたび明確な意図のもとに、イギリスの帝国内植物園が結合するためには、一八四一年のキュー植物園の改組、国営化をまたねばならなかった。[64]

注

（1） Holden Furber, *Rival Empires of Trade in the Orient, 1600-1800*, 1976, p. 235.
（2） Hoh-cheung Mui and Loma H. Mui, *The Management of Monopoly : A Study of the East India*

Company's Conduct of Its Tea Trade, 1784-1833, 1984, p. 100, Figure 2.

（3） J. G. Koenig, Journal of A Voyage from India to Siam and Malacca in 1779, *Journal of the Straits Branch of the Royal Asiatic Society*（以下 *JSBRAS* と省略）, Nos. 26 & 27, 1894, pp. 93, 128.

（4） H. N. Ridley, The Abolition of Botanic Gardens of Penang, *Agricultural Bulletin of Straits and Federated Malay State*, vol. 9, no. 4, 1919.

（5） *Ibid.*, p. 97, A. W. Hill, The History and Functions of Botanic Gardens, *Annals of the Missouri Botanical Garden*, 2, 1915, p. 213, J. W. Purseglove, History and Functions of Botanic Garden with Special Reference to Singapore, *The Gardens' Bulletin, Singapore*, 17, 1959, p. 128, Edward Hyams, *Great Botanical Gardens of the World*, 1969, 1985, p. 211, H. C. de Wit, Short History of the Phytography of Maylaysian Vascular Plants, *Flora Maleisiana*, Ser. 1, vol. 42, 1949, p. Cl.

（6） Extract from a letter from Sir George Leith to the Secretary to Government, dated 31st May 1800, Notices of Pinang (edited by J. R. Logan), *Journal of Indian Archipelago and Eastern Asia*（以下 *JIAEA* と省略）, vol. 5, 1851, pp. 163-4.

（7） Extract Letter from Sir George Leith ; dated Prince of Wales Island, the 16th July 1800, *Ibid.*, pp. 165-6.

（8） *Ibid.*, p. 300.

（9） H. N. Ridley, Introduction to the Plants of Prince of Wales Island by Sir William Hunter, Surgeon to the East India Company, *JSBRAS*, no. 53, 1909, p. 50.

（10） William Hunter, Plants of Prince of Wales Island (1803), *Ibid.*, pp. 52-127. 報告はベンガル総督の Marquis Wellesley に宛てられている。なお Ridley が、Hunter に Sir を冠したのは誤り。

James Britten, "Flora of Prince of Wales's Island", *The Journal of Botany*, 54, 1916, p. 143.

（11） Notices of Pinang, *JIAEA*, vol. 5, p. 362.

（12） *Ibid.*, p. 355. colelava については不明。Ridley は、clove bark かとしている。H. N. Ridley, The Abolition, p. 101.

（13） Notices of Pinang, *JIAEA*, vol. 5, p. 362.

（14） William Roxburgh, *Hortus Bengalensis, or A Catalogue of the Plants Growing in the Honourable East India Company's Botanic Garden at Calcutta*, 1814, p. 37. 目録にはピメントは *Myrtus Pimenta* として long-leaved と broad-leaved の二種が掲載されている。前者はキュー植物園の園丁頭であった William Aiton が一七九四年に、後者はキュー植物園の事実上の園長であった Joseph Banks が一七九五年にカルカッタ植物園に寄贈した。

（15） William Aiton & William T. Aiton, *Hortus Kewensis : Or A Catalogue of the Plants Cultivated in the Royal Botanic Garden at Kew*, 2nd ed., vol. 3, 1811, p. 191.

（16） Extract Bengal Public Consultations, Mr William Hunter, Service, To C. R. Crommelin, Esquire, 21st April 1802, Notices of Pinang, *JIAEA*, vol. 5, pp. 356-59.

（17） Extract Bengal Public Consultations, (W. Roxburgh) To Thos. Philpot Esquire, 26th July, 1802, (T. Philpot) To Sir George Leith, Bt., 29th July 1802, *Ibid.*, pp. 359-60.

（18） Mr. William Hunter to C. R. Crommelin, Esquire, 21st April 1802, *Ibid.*, pp. 356-59.

（19） Extract Bengal Public Consultations, Mr. William Hunter, Service to C. R. Crommelin, Esquire, 21st April 1802, Notices of Pinang, *JIAEA*, vol.5, pp. 356-7.

（20） F. G. Stevens, A Contribution to the early history of Prince of Wales' Island, *Journal of Malayan*

Branch of Royal Asiatic Society（以下 *JMBRAS* と省略）vol. 7, 1929, pp. 395-6.

（21）John Bastin, The Changing Balance of the Southeast Asian Pepper Trade, in his Essays on Indonesian and Malayan History, 1961, p. 47.

（22）Notices of Pinang, *JIAEA*, vol. 4, 1850, p. 655.

（23）Howard T. Fry, *Alexander Dalrymple and Expansion of British Trade*, 1970, pp. 143-4.

（24）Madeleine Ly-Tio-Fane, ed., *Mauritius and The Spice Trade : The Odyssey of Pierre Poivre*, Introduction, 1958, pp. 1-21, *Bulletion of the Royal Botanic Gardens, Kew for 1919*, pp. 279-86. パンプルムース植物園の初期の歴史については、Guy Roillard, *Le Jardin des Pamplemousses*, 1983, pp. 11-38.

（25）Howard T. Fry, *op. cit.*, p. 144.

（26）*Ibid.*, 159.

（27）*Banks Letters, A Catalogue of the Manusript correspondence* (edited by Warren Dawson), 1958, p. 715.

（28）*Fort William-India Office Correspondence*, vol. 13 (edited by R. C. Gupta), 1959, p. 222.

（29）Joseph Banks および William Bligh 船長のパンノキ遠征については David Mackay, *In the Wake of Cook, Exploration, Science and Empire, 1780-1801*, 1985, pp. 123-143. また本書第二章「重商主義帝国と植物園」参照。また Christopher Smith についてはいくつかの事典項目以外に研究がない。多くの事典が没年を一八〇六年としているのは、この年スミスがモルッカから戻り、植物園の園長に任命されたがすぐに死亡したとする H. N. Ridley の記述（The Abolition, p.59.）に従ったものであろう。しかし、本論にもあるとおり、植物園は一八〇五年に売却されており、上記の記述は信じることができない。イギリスは、一八〇二年のアミアンの和約でモルッカを放棄したから、スミスの帰還は一八〇二年ではあるまいか。*Hortus Bengalensis* もこの年以降の、Smith によるモルッカ、アンボイナの植物の導入を記録していない。Ridley も植物園の廃止は一八〇五年としているから、一八〇六年は誤植の可能性もある。いずれにせよ、一八〇二年以降の Smith の行動はまったく不明である。

（30） *Banks Letters*, p. 295.

（31） *Fort William-India Office Correspondence*, vol. 13, pp. 331-32.

（32） *Ibid.*, p.390. フォート・ウィリアム（ベンガル政庁）から本国重役会議に宛てたこのときの公式通信によって、一七九八年の七月以前にスミスがいったん任務を終え、カルカッタへ帰還していたことがわかる。*Ibid.*, p. 389.

（33） William Hunter to C. R. Crommelin, Esquire, Notices of Pinang, *JIAEA*, vol. 5, 1851, p. 360.

（34） William Roxburgh, *Flora Indica*, vol. 3, 1842, p.845.

（35） R. Ratnam, *Agricultural Development in Madras State prior to 1900*, 1966. pp. 316-17.

（36） *Ibid.*, pp.317-18.

（37） Kalipada Biswas, *The Original Correspondence of Sir Joseph Banks Relating to the Foundation of the Royal Botanic Garden, Calcutta and The Summary of the 150th Anniversary Volume of the Royal Botanic Garden*, Calcutta, 1950, p. 8.

（38） William Hunter to C. R. Crommelin, Esquire, Notices of Pinang, *JIAEA*, Vol. 5, 1851, p. 361. サグラス（sagueras）は不明。フクギ属の *Garcinia picrorrhiza* Mip. がマレー語で agero あるいは Sageroe と呼ばれる。あるいはそれか。南洋経済研究所編『南方圏有用植物名称表——モルッケン地方』（南方資料第393号）、一九四四年、七七および一三九ページ。

（39） Remarks on Mr. Farquhar's Report, by the Governor in Council. Dated 20th February, 1806.

Notices of Pinang, *JIAEA*, vol.5, 1851, p. 425.

（40） Roger de Candolle & Alan Radcliffe-Smith, Nathaniel Wallich, MD, PhD, FRS, FLS, FRGS (1786-1854) and the Herbarium of the Honourable East India Company, and their relation to the de Candolles of Geneva and the Great Prodromus, *Botanical Journal of the Linnean Society*, 83, 1981, pp. 326-27.

（41） R. Hanitsch, Letters of Nathaniel Wallich relating to the Establishment of Botanic Gardens in Singapore, *JSBRAS*, 65, 1913, in Tan Sri Dato' Mubin Sheppard ed., *Singapore 150Years*, 1982, p. 156.

（42） *Ibid*., p. 162.

（43） Letters of Sir Stamford Rafles to Nathaniel Wallich 1819-1824 (edited by John Bastin), *JMBRAS*, vol.54, Part. 2, 1981, pp. 13-14.

（44） Charles Burton Buckley, *An Anecdotal History of Old Times in Singapore*, 1902, 1984, p. 59.

（45） W. Farquhar to the Hon'ble Sir Stamford Raffles, 25 October 1819, in T. Oxley, Some account of the cultivation of nutmeg, *JIAEA*, vol. 2, 1848, pp. 658-9.

（46） H. F. Pearson, Lt. Jackson's Plan of Singapore, *JMBRAS*, 26, 1954, in Tan Sri Dato' Mubin Sheppard ed., *Singapore 150Years*, p. 151.

（47） 別枝篤彦『東南アジア地域史研究序説――ラッフルズの業績を中心として』一九七七年。

（48） 信夫清三郎『ラッフルズ――イギリス近代的植民政策の形成と東洋社会』一九四三年、七一ページ。

（49） R. T. Raffles, *Memoir of the Life and Public Services of Sir Thomas Stamford Raffles*, 2nd Edition, vol. 1, 1835, pp. 343-44. Demetrius C. Boulger, *The Life of Sir Stamford Raffles*, 1897, p. 282.

（50） *Ibid*., p. 283.

（51） *Banks Letters*, p. 692.

（52） William Jack's Letters to Nathaniel Wallich, 1819-1821 (edited by I. H. Burkill), *JSBRAS*, no. 73, 1916, p. 168.

（53） Letters of Sir Stamford Raffles, *JMBRAS*, vol. 54, part 2, 1981, p. 10.

（54） William Jack's Letters to Nathaniel Wallich, *JSBRAS*, no. 73, 1916, p. 210.

（55） 植物園への言及はウォリック宛て、一八二三年一月五日付け、二月八日付け、三月八日付け、四月一七日付け、一一月一日付けの書簡、およびボルネオ沖の船中からの一通（日付なし）に見られる。 Letters of Sir Stamford Raffles, *JMBRAS*, vol. 54, part 2, 1981, pp. 16, 20, 23, 26, 28, 31. ラッフルズは、Garden もしくは Botanic Garden の語を用いている。

（56） 「モントゴメリはあなたの指示をまって、まだ何もできずにいます」（R. S. Raffles to Nathaniel Wallich, 5th January 1823, *Ibid.*, p. 16.）

（57） I. H. Burkill, Wiliam Farquhar's Drawing of Malacca Plants, *Gardens Bulletin, Singapore*, vol. 12, 1949, p. 404.

（58） W. Montgomerie, Report upon the present state of the Honourable Company's Botanical Garden at Singapore, 1st February, 1827. To the Hon'ble John Prince, Esq., *JIAEA*, vol. 9, 1855, pp. 62-65.

（59） H. F. Pearson, Singapore from the Sea, June 1823. Notes on a Recently Discovered Sketch attributed to Lt. Phillip Jackson, *JMBRAS*, no. 26, 1954, in Tan Sri Dato' Mubin Sheppard ed., *Singapore 150 Years*, p. 140. この図は、著者が参照することのできた *Memoir* の第二版（一八三五年）には収録されていない。

（60） B. Tinsley, *op.cit.*, pp. 20-21.

(61) H. N. Ridley, Botanists of Penang, *JSBRAS*, 25, 1894, pp. 165-66.

(62) 一般にGeorge Porterとして知られているが、John Bastinは、かれの編集したLetters of Sir Stamford Raffles to Nathaniel Wallich, *JMBRAS*, 54-2, 1981への注で、*The East-India Register and Directory for 1822*のベンガルにおけるヨーロッパ人居住者リストへの記載から、正しくはGeorge Potterであるとする。*Ibid.*, p. 44.

(63) R. de Candolle, *op.cit.*, p.326.

(64) 一八四一年以後の、イギリスの帝国主義的拡大と植物園の役割については、Lucile H. Brockway, *Science and Colonial Expansion: The Role of the Royal Botanic Gardens*, 1979参照。

本書について

志村真幸

本書は、京都大学で長年にわたって教鞭を執られた著者の遺著となりました。二〇一九年秋に闘病生活のなかで原稿を整理し、病床で初校ゲラのチェックにとりかかっていたのですが、そこで時間切れとなり、二〇二〇年二月二日、鬼籍に入られました。そのため、校正や図版の選択などの実務は、川島ゼミ出身の志村真幸が引き継ぎました。

著者は一八世紀のイギリスを中心に、科学史、狩猟法、娯楽・スポーツ、アンティカリアニズムなどを研究対象とし、南方熊楠やシャーロック・ホームズについても業績を残した研究者です。なかでも、一九八〇年代末〜二〇〇〇年代に、イギリスが北アメリカ、インド、カリブ海など各地に設けた植民地植物園の問題にとりくみ、国際的にも高く評価されたことで知られます。本書は、いくつかの論文集や雑誌に発表された植物園関連の文章から、著者自身が選んだ八篇を一冊にまとめたものです。

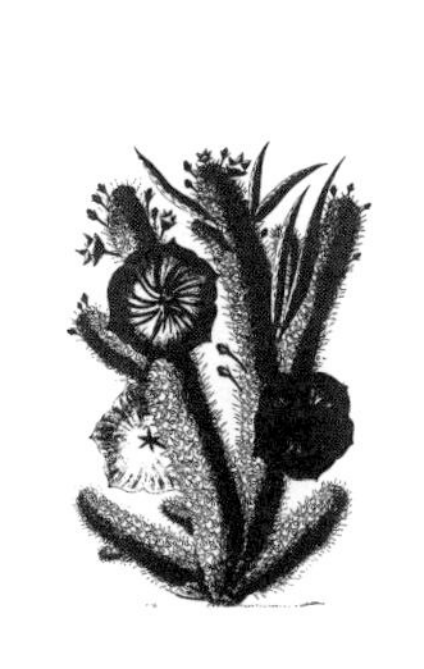

書籍化の打診は頻繁にあったようですが、本書で扱ったほかに、シドニーやタスマニアなど何カ所かの植物園をとりあげなくては全体像が描けないとのことで、なかなか実現しませんでした。しかし、病床に伏せり、何か一冊を出そうという企画がもちあがったとき、植民地植物園が選ばれたのです。

実際、このテーマは、いまでも大きな意義をもっています。高収益な農作物を探しだし、品種改良を行ない、世界のあらゆる場所で栽培しようというのは、まさに現在進行形のできごとなのです。その主役／場は植物園から農業試験場、そして国際農業企業へと変わりましたが、植物園との結びつきは失われていません。たとえば、遺伝子組み換え作物で有名なアメリカの旧モンサントは、本社のあるセントルイスのミズーリ植物園に多額の経済支援をしていることが知られています。こうした国際的な農業の展開は、我々の生活にとって必要不可欠なものですが、倫理的にも環境的にも多大な問題を引き起こしています。そうした国際的農業経済の始まったポイントが、本書で論じられているのです。

一九九九年に山川出版社から出たブックレット『植物と市民の文化』と本書の関係についても、述べておきましょう。同書は著者が生前に出した唯一の単行書です。イギリス国内の植物愛好趣味についてとりあげたもので、国外を対象とした本書とは、ちょうど補完しあう関係にあります。また本書が経済的側面を強く意識して書かれたのに対して、『植物と市民の文化』では生活文化や社会に焦点をあてており、関心のある方は、あわせて読むことで理解を深めることができると思います。

本書と『植物と市民の文化』には、さまざまな植物学者たちが登場します。イギリスが帝国を形成していくなかで、軍人や官僚だけではなく、多数の植物学者が植民地へ派遣されました。著者の筆で生き生きと描き出されるかれらは、いかにもな変わり者ぞろいです。慣れない熱帯の地で、薄給で働き、命を落とすことすら珍しくありません。にもかかわらず、ジョゼフ・バンクスをはじめ、かれらが植民地植物園へ注いだ情熱は驚くほどです。

以前、著者の京都大学退職を機に、『異端者たちのイギリス』（共和国、二〇一六年）という論文集を出版しました。数十名に及ぶ執筆予定者に、どうすれば共通テーマが設定しうるか悩んでいたとき、「イギリスには異端者が多い。研究のなかで、誰しもひとりくらいは異端者と呼べる人物に出会っているのではないか」と著者からアドバイスを受け、タイトルが決まりました。あのとき著者の念頭にあったのは、おそらくこうした植物学者たちだったのでしょう。なおかつ、かれらは個人的な興味から植物にとりくみつつも、結果としてイギリス社会全体に貢献していました。異端者からはイギリスの本質のようなものが見えてくるのです。

思えば、のちに著者が手がけることとなる南方熊楠や、その研究協力者であった植物学者・田中長三郎もある種の異端者でした。田中は日本でのキャリアを投げ捨て、熊楠の代わりにアメリカ農務省で働くうち、柑橘類分類の世界的権威となります。のちに台北帝国大学教授となった田中の資料調査のため、二〇一八年夏に、著者とともに台湾に出かけたことがありました。調査のあいまに、台北植物園を訪れたときの著者のテンションの高さは忘れられません。こちらは日本がつくった植民地植物園で、やはり熱帯地域での栽培作物の研究が行なわれていました。

植物園は自然と人間のせめぎあう場所といえます。植物を「有用なもの」へ馴致しようとする人間と、勝手に繁茂しようとする植物の戦いの場なのです。著者の関心は、ありのままの自然や、野の花々へは向けられていませんでした。本書で語られている、マンションのベランダにつくっていた小さな「庭」でも、種や球根や苗を買ってきて植えるのではなく、風が運んできた種子が勝手に芽を出すのを楽しんでいました。人工的な小空間であり、なおかつ人間の意志では統制しきれないおもしろさが魅力なのだ、と嬉しそうに話していました。

そうした意味でも、植物園というテーマは、川島昭夫先生の最後を飾るのに、ふさわしいものだと思います。

二〇二〇年四月

＊筆者は、京都大学大学院人間・環境学研究科で著者に学ぶ。南方熊楠顕彰会理事。著書に『南方熊楠のロンドン』（慶應義塾大学出版会）、『熊楠と猫』（共著、共和国）などがある。

初出一覧

第一章 ◎『英国文化の世紀1　新帝国の開花』研究社出版、一九九六年四月

第二章 ◎『シリーズ 世界史への問い2　生活の技術 生産の技術』、岩波書店、一九九〇年二月

第三章 ◎『月刊百科』三二〇号、平凡社、一九八九年六月

第四章 ◎『月刊百科』三二五号、平凡社、一九八九年一一月

第五章 ◎『月刊百科』三三〇号、平凡社、一九九〇年四月

第六章 ◎『月刊百科』三四〇号、平凡社、一九九一年二月

第七章 ◎『週刊朝日百科　世界の歴史87　18世紀の世界1　植民地と貿易』朝日新聞社、一九九〇年七月

第八章 ◎『東アジアの本草と博物学の世界』下、山田慶兒編、思文閣出版、一九九五年七月

川島昭夫†

Akio KAWASHIMA

一九五〇年、福岡県に生まれ、二〇二〇年、滋賀県に没する。
京都大学名誉教授。専攻は、西洋史。京都大学大学院文学研究科博士課程修了。
神戸市外国語大学、京都大学大学院人間・環境学研究科で教鞭を執る。

おもな著書に、
『植物と市民の文化』(山川出版社、一九九九)
『越境する歴史家たちへ』(共編著、ミネルヴァ書房、二〇一九)

翻訳に、
ジョスリン・ゴドウィン『キルヒャーの世界図鑑』(工作舎、一九八六)
ジョン・H・ハモンド『カメラ・オブスクラ年代記』(朝日選書、二〇〇〇)などがある。

植物園の世紀　イギリス帝国の植物政策

二〇二〇年七月一〇日初版第一刷発行
二〇二一年一二月二〇日初版第三刷発行

著者　川島(かわしま)昭夫(あきお)

発行者　下平尾 直

発行所　株式会社 共和国
東京都東久留米市本町三-九-一-五〇三　郵便番号二〇三-〇〇五三
電話・ファクシミリ　〇四二-四二〇-九九九七　郵便振替　〇〇一二〇-八-三六〇一九六
http://www.ed-republica.com

印刷　モリモト印刷

ブックデザイン　宗利淳一

DTP　木村暢恵

本書の内容およびデザイン等へのご意見やご感想は、以下のメールアドレスまでお願いいたします。naovalis@gmail.com

ISBN978-4-907986-66-7　C0022